男 ◎ 编著

你正常吗

当代都市心灵慰藉书

中国华侨出版社

图书在版编目（CIP）数据

你正常吗：现代都市心灵慰藉书/张仲勇编著．—北京：中国华侨出版社，2015.4

ISBN 978-7-5113-5379-5

Ⅰ．①你… Ⅱ．①张… Ⅲ．①个人－修养－通俗读物 Ⅳ．①B825-49

中国版本图书馆CIP数据核字（2015）第071980号

● 你正常吗：现代都市心灵慰藉书

编　　著/张仲勇
责任编辑/文　筝
封面设计/纸衣裳書裝·孙希前
经　　销/新华书店
开　　本/710毫米×1000毫米　1/16　印张16　字数223千字
印　　刷/北京一鑫印务有限责任公司
版　　次/2015年5月第1版　2019年8月第2次印刷
书　　号/ISBN 978-7-5113-5379-5
定　　价/32.80元

中国华侨出版社　北京朝阳区静安里26号通成达厦3层　邮编100028
法律顾问：陈鹰律师事务所
编辑部：（010）64443056　　64443979
发行部：（010）64443051　　传真：64439708
网　　址：www.oveaschin.com
e-mail：oveaschin@sina.com

前言
PREFACE

现代社会与以往的任何时期都大有不同，所以现代人有现代人的心理，有现代人看待事物的独特视角。然而，现代人的一些心理却并不是正常的，这些病态心理无论对个人还是社会而言都是无益的。

一项医学调查显示，现代都市人，每100个人中有接近20%～30%的人有轻微的心理疾病，可以肯定，现代都市压力已经开始妨碍人们的心理健康。

在传统观念中，健康就是身体无病，这并不适用于现代人。现代人的健康观是整体健康。世界卫生组织提出："健康是一种身体上、精神上和社会适应上的完好状态，而不是没有疾病及虚弱现象。"事实上，心理健康与生理健康也是相互联系、相互作用的，心理健康每时每刻都会影响人的生理健康。

那么，"心理健康"应该怎样定义？

心理健康是指生活在一定社会环境中的个体，在高级神经功能和智力正常的情况下，情绪积极稳定、行为适度，具有协调关系和适应环境的能力，以及在本身及环境条件许可的范围内所能达到的心理良好功能状态。简单来说，心理健康的人能够愉悦地接纳自己，能够与周围环境和谐相处；心理健康的人并非是没有痛苦的人，而是能很快摆脱痛苦情绪、积极寻求解决办法的人。

"心理健康"具体包括以下五个方面：

1. 认知功能正常，具有正常的感觉、知觉、思维、记忆等能力，能客观地认知现实世界，判断现实。

2. 正确的自我认知。能对自我作出客观的分析，对自己的体验、感情、能力和欲求等作出正确的判断和认知。具有自我成长、发展和自我实现的能力。

3. 统一、稳定的人格。能有效地处理内心的各种能量，使之不产生矛盾和对立，保持均衡心态。对于人生有统一的认知态度，当产生心理压力时，有较高的抗压力及坚韧的忍耐力。

4. 良好的情绪及行为控制力。对于环境的压力和刺激，采取积极的防御模式，能有效调节情绪及控制行为。

5. 良好的社会适应能力。具有积极的社会交往态度，保持良好的人际关系，并有效率地处理、解决问题。

不妨对照一下，你的心理健康吗、正常吗？请不要遮掩什么，事实表明，随着社会的快速发展和竞争的日益加剧，一些与时代发展有关的心理病症也在不断增多，都市人群开始步入心理病症泛滥的时代，现代人群的心理健康问题已成为亟须解决的问题！

基于此，我们编写了这本集专业性、知识性、可读性于一体的综合类心灵辅导图书，本书以小说一样的笔触陈述案例，将枯燥无味的案例展现成情节多姿的故事，使读者在津津有味的阅读过程中，便可对自己的心理状态形成一个初步的、客观的认知，并对其进行评估与调节。让都市人去正视自己的心理问题，对自己的非正常心理状态进行及时矫正，这是我们的愿望。

当然，本书并非医疗书籍，它的作用更多是体现在心灵健康的辅导与调节方面，所以在意识到自己的心灵出现病恙以后，如果不能自我修复，还是建议大家及时寻求专业医疗机构的诊治。

目录 / CONTENTS

上卷 悬丝号脉：透析困扰现代人的五大心理问题

一、潜意识中的"老鼠" / 03

 1. 强迫症之谜 / 04

 2. 个案报告 / 09

 3. 综合诊疗 / 17

二、疯狂的妄想 / 23

 1. 偏执症之谜 / 24

 2. 个案报告 / 29

 3. 综合诊疗 / 40

三、我的心太乱 / 47

 1. 焦虑症之谜 / 48

 2. 个案报告 / 52

 3. 综合诊疗 / 61

四、怒发冲冠为哪般 / 69

    1. 暴躁症之谜 / 70

    2. 个案报告 / 74

    3. 综合诊疗 / 81

五、含忧草 / 87

    1. 抑郁症之谜 / 88

    2. 个案报告 / 90

    3. 综合诊疗 / 98

下卷　对症下药：现代人非正常心理行为的纠正调节

一、人性的缺憾 / 109

    谁动了我的红酒 / 110

    你是不是NO.1？/ 114

    别人看你挺好，你把自己当草 / 118

    自卑的格格 / 121

    有一匹马，就会有一匹马的痛苦 / 126

    是什么始终不能让人满意 / 129

    一次聚会毁掉的幸福 / 133

目录

二、轻飘飘的生活轻飘飘的我 / 137

你帮帮我吧，我倒乐得悠闲 / 138

橡皮人生 / 142

我活着是为了什么 / 144

不当"好人"没关系 / 147

主见都去哪了 / 150

人世间最孤独的人 / 152

心锁 / 155

控制我的另一个我 / 158

哪一个才是真正的我 / 163

三、是什么，让梦想遥不可及 / 165

慢半拍 / 166

怨声载道 / 169

黑裙子还是红裙子 / 172

无法进行的社交 / 175

怯场真要命 / 178

最没眼光的合伙人 / 180

心比天高，命比纸薄 / 182

心急吃不了热豆腐 / 185

四、你的爱情错在哪里 / 189

疑心生暗鬼 / 190

当手机变成手雷 / 193

爱情路上丢了"我" / 196

女人，要依恋不要依赖 / 198

说一不二的一家之主 / 200

家暴面前你沉默了吗 / 203

五、这个世界让我害怕 / 207

幽闭症，我的梦魇 / 208

商场惊心 / 210

飘来飘去的眼睛 / 212

你让我脸红 / 216

黑暗魔咒 / 218

六、心灵瑜伽：在冥想中松弛下来 / 221

没什么值得痛苦 / 222

幸福，就在身边 / 225

把药裹进糖里 / 228

财富、幸福、痛苦 / 231

想开了，一切都很简单 / 234

适合自己便是最好 / 238

快乐的钥匙自己保管 / 241

静心、淡泊、超脱 / 244

上卷

悬丝号脉：

透析困扰现代人的五大心理问题

一、潜意识中的"老鼠"

1.强迫症之谜

◯ 不能自已的苦恼

现代人遇到了一个困扰自己的大问题——他们每隔一小会儿,就"忍不住"要看一下手机,生怕漏掉了电话或短信;出门以后又总是想门有没有锁好,煤气有没有关,即便已经走出了小区,还是"忍不住"要折回家检查一下;虽然已经困得没有精神了,而且第二天还有重要的工作任务,但却不肯按时上床睡觉,电视剧看完一集总是"忍不住"再看一集……虽然自己心里也清楚,这些行为和担忧都是没有意义的,但就是不能自已,搞得自己苦不堪言,几近抓狂。

别把这种情况当作小事,这就是强迫症,它已经成为困扰现代人的一个重大心理问题,不容小觑!

所谓强迫症,顾名思义就是以强迫症状(主要包括强迫观念和强迫行为)为主要表现的心理障碍。强迫症的危害较大,因为有不能自已的思想纠缠,或刻板的礼仪或无意义的行为重复,严重影响当事人注意力集中,严重影响当事人的学习和工作,严重时,甚至会导致当事人丧失学习、工作能力,造成精神残疾。与此同时，强迫症会诱发很多共病。流行病学调查发现，30%的强迫症病人并发患有抑郁症，40%的病人睡眠受到干扰，30%的患有特定恐惧症，20%患有社交恐惧症，15%的患有惊恐障碍。

强迫症也不是个别现象。据临床资料统计：强迫症的终生患病率约为2.5%，我国约有4000万需要医治的强迫症患者，而有强迫症状的人更是不计其数。有研究表明，80%的心理疾病都起源于强迫思维。换言之，有效解决强迫症，80%的心理疾病都会迎刃而解。

那么就让我们一起走近强迫症，去了解这只"潜意识中的老鼠"吧。

强迫症的基本症状就是强迫观念和强迫动作。它可能仅仅表现为强迫观念或强迫动作，也可能是既有强迫观念又有强迫动作。

1. 强迫观念

即反复而持久的观念、思想、印象或冲动念头。想要摆脱，却因为难以摆脱而越发紧张、苦恼，于是心烦意乱、焦虑不安，甚至会出现一些躯体症状。强迫观念可表现为以下几种形式：

（1）强迫自己去联想

当事人以某事为源点，反复联想到一系列不幸事件的发生，虽然心知自己是杞人忧天，但却不能自已，并因此引发紧张情绪和恐惧感。

（2）强迫自己去回忆

不过是一些无关紧要的小事，当事人却在头脑中反复回忆，虽然心知这种行为毫无意义，但却不能自已，搞得自己很是苦恼。

（3）强迫疑虑

已经做出了某些行为，随之而来的却是不必要的疑虑，要反复核实才会心安。如出门后疑虑门窗是否确实关好，一定要折返回去检查，否则就会焦虑不安。

（4）强迫性穷思竭虑

对自然现象或生活中的寻常事反复思考，如"是先有鸡还是先有蛋"、"房子为什么坐北朝南"，明知毫无意义，却无法克制。

2. 强迫自己重复一些动作

又称强迫行为。即重复出现一些自知不必要的动作，心知肚明又不能摆脱。常见的有：

（1）强迫洗涤

譬如强迫洗手、洗衣，等等。25岁的小茹是位医院挂号员，她认为接触一些病人的门诊卡可能会被传染疾病，如果她的手再接触到家里的物件，则可能会间接传染给家人。于是每天下班回家时，她总是喊家人来开门，自己则高举双手进入洗手间，然后反复洗手，洗内外衣，直至深夜才肯吃点东西，上床睡觉。

（2）强迫检查

因"强迫疑虑"而引发的行为，是当事人为减轻心中怀疑而采取的无意义措施，比如，出门时反复检查门窗，快递时反复检查地址，看是否写错了字，等等。

（3）强迫计数

见到特定某些物体（如树木、电线杆、台阶、牌照等）时，就不能自已地计数，如果不这样，就会感到焦虑不安。

（4）强迫性仪式动作

总是做一些具有象征性福祸凶吉的固定动作，希望借此来减轻或防止强迫观念所引起的焦虑不安，如以双手合十、手拍胸脯等，以示可逢凶化吉等。

前文已经说过，当事人本身非常清楚，这些强迫性的观念和动作根本毫无意义可言，所以他们主观上力图和强迫思维、动作进行对抗，结果往往不尽如人意。那么，这种状况究竟是怎样形成的呢？我们一起去看看专业人士给出的病因剖析。

⊃ 病因剖析

强迫症如此恶劣地影响着人们的生活，那究竟是什么原因导致其形成的呢？精神分析学家给出了答案：强迫症的形成原因主要包括遗传、心理社会因素、性格特征、生理改变等几个方面。

1. 遗传因素

医学上关于强迫症遗传关系的研究并不多，但在临床治疗强迫症的过程中人们发现，约有 2/3 的患者在病发之前就存有强迫性人格。之后，精神分析学家对他们的家庭关系进行了跟踪调查，又发现，这些人的父母中有约 5%～7% 的人同样患有强迫症，较普通人群高出很多。另外，由于人格特征主要受遗传的影响，而人格特征又在强迫症的发病中起一定作用，故也表明强迫症与遗传具有一定的关系。

2. 心理社会因素

精神分析学家指出，青春期时，青少年生理发育迅速，在与竞争激烈的社会交往中出现的不适应现象可能会诱发强迫症状的产生；成年人因工作紧张、家庭不睦、夫妻生活不尽如人意等因素产生的不安情绪若得不到及时调节，久而久之亦可诱发强迫症的出现；突发性事故、亲人死亡以及一些重大打击，亦会使处于焦虑、恐惧、紧张中的人们出现强迫症状，症状的表现形式与精神创伤有直接联系，症状的内容与当事人所面临的心理社会因素的内容有一定的关联。

3. 性格特征因素

许多医学报告指出，约有1/3～1/2的人其病前个性即属于强迫型，故表明人的个性特征与强迫症的产生具有一定关系。

强迫型人格主要可分为两种类型：

（1）多疑虑，遇事犹豫，类似轻微的强迫症。

（2）固执、倔强、易激动、脾气暴躁，缺乏决断力。

二者具有相似之处，都善良、注重细节、喜爱整洁。前者做事缓慢，后者固执求全。这种个性特征与遗传、家庭教育及社会环境具有很大关系。尤其是具有强迫个性的父母对当事者的影响作用更是明显。父母在对儿童的教育中，如过分苛求、过于刻板，就容易使他们形成谨小慎微、优柔寡断、务求完美的性格。这些人在长大以后，做起事来反复推敲，力求十全十美，事后又会后悔自责，觉得没有达到自己的期望值。他们在人际交往中，极其严肃、认真，可以称得上是古板、固执，生活规律非常强，一切都要求井井有条。乍看上去，这种人做事认真、心细，但事实上，他们为此花费了大量的时间与精力，显然已经影响到了工作的完成和个人的作息。

另据医学资料表明，当事者病前个性特征与治疗效果也有明显关系。那些病前性格良好、无强迫人格特点的当事者，其治疗效果往往也很好；而具有强迫型人格的当事者，治疗难度则相对较大。在这里有必要给父母们提个醒，不要给予孩子过多、过于刻板的要求，这对于预防强迫症是有很大帮助的，尤其是父母中有个性不良者的家庭更应注意。

4. 生理改变

有人认为强迫症患者 5-HT 神经系统活动减弱会导致强迫症产生，用增多 5-HT 生化递质的药物可治疗强迫症。

强迫症的起因每个人都不同。值得一提的是，家庭因素在其中占有一定的比例，因为每个人都是在家庭中形成最初的性格和价值观的，但也不能全都归于家庭因素。强迫症的形成是复杂且会发展变化的，而且有些影响因素是无法改变的，所以还是要从现在的症状入手诊疗，能改变的现实因素当然最好改变一下，不能改变的只能去适应。如果情况比较严重，建议去专业治疗强迫症的机构做更有针对性的治疗。如果诊疗及时，又愿意配合医务工作者，是可以改善症状，回归正常生活的。

2. 个案报告

⊃ 混乱密码

王女士近来非常苦恼。"银行卡、电子信箱、QQ、手机、各种网站的账号，甚至医保卡都要密码。不同的系统，要求的密码规格也不一样。还不断有专业人士发出提醒，定期更换密码、别用生日做密码，等等，简直让人头都大了。"王女士说，如果不把这些密码记录下来，感觉就特别混乱，但如果记录下来，又担心被别人看到。现在她被折磨得都有些抓狂了，常常无故发火，夜里睡不好觉，记忆力也越来越差。

银行卡密码、股票交易密码、WiFi 密码、电子信箱密码，淘宝、京东等网站密码，QQ、MSN、微信等通信工具密码……每每想到这些密码，小陈就会感到头疼不已。每次需要输入不同密码时，他都会感到非常焦躁。有时候还会将其弄混，连续输入错误导致账号被锁定，这让他很是懊恼。

在现代都市中，几乎所有人都要使用密码，一些人手中甚至有多达数十个密码，被密码锁困扰的人越来越多，一种叫作"密码强迫症"的心理病正在逐步影响着现代都市人的生活。

那么，怎样才算是"密码强迫症"呢？精神分析学家指出，"密码强迫症"通常有以下特点：

密码设置得便于记忆怕被盗，设置得过于复杂又怕自己记不住，久而久之，心理变得焦躁、忧虑；因忘记密码而焦躁不安，精神过度紧张；经常性、反复地回忆密码，时刻提醒自己要记住密码；因密码问题出现头痛、失眠、食欲下降、记忆力下降等生理症状。

需要指出的是，虽然"密码强迫症"已经影响到了现代都市人的健康生活，但多数人并未将其重视起来，仅仅认为这是"性格过于谨慎、优柔所致"。事实上，因密码混乱而出现的焦虑情绪，其实是强迫记忆所带来的心理障碍，如果得不到及时、正确的调节，很可能会演变成一种伤害性情绪，一旦爆发，随之而来的可能就是强迫症、焦虑症、抑郁症等心理疾病。

所以，有这种倾向的人应该注意啦！

1. 平时做好自我调节

保证睡眠的充足性，创造轻松、有规律的生活节奏，使大脑皮层能够恢复和保持良好的功能状态。

2. 注意个性的自我锻炼

放开心胸，真诚信任他人，克服遇事过于谨慎、优柔寡断、胆小怕事等不良个性。受"密码强迫症困扰"的人，可以试着让别人帮助自己记住密码，比如至亲之人，又或者是可靠的朋友，可以把密码的前半段告诉一个朋友，后半段则告诉另外一个朋友，这两个人以互不相识为宜。这样，焦虑、烦躁等情绪慢慢地会得到一定程度的缓解。

3. 充分合理设密

按信息的重要性设置密码，可以将不同信息的密码适当归类设置，把复杂问题简单化。比如将涉及理财的同一类密码设为奇数，将涉及社会生活信息的密码设为偶数。以减轻记忆密码的负担。

⊃ 他为何迷恋女人的衣物

凯文是一个富商的儿子，长相英俊，性格腼腆，人前非常羞涩。但有一天，他却闹出了一件大丑闻，使得他的父亲颜面扫地。

凯文的父母在他幼时便离了婚，凯文随父亲一起生活。后来，父亲又结了两次婚，但继母对凯文都不怎么关心。因为父亲忙于生意，所以从小凯文就经常被单独留在家里。他渴望得到关怀、渴望亲情的温暖，但却没有人给他这些。他这个人性格内向，说话又结结巴巴的，所以也没有什么朋友。

在寂寞无聊中，凯文常常拿出自己母亲留下来的衣物，将它们抱在怀里，想象着母亲就在自己身边。

16岁时，凯文进入父亲的公司开始学习做生意，并在这里结识了一位年老的保安，保安教会了他如何用万能钥匙开锁。

公司里有许多漂亮的女职员进进出出，她们让情窦初开的凯文意乱情迷。但在女职员们看来，凯文还只是一个少不更事的男孩子，没有人会站在异性的角度上关注他。在饱受刺激而又无法调节的情况下，他终于动了偷取这些女职员衣物的冲动。

有一天，他无意中获知某位女职员当晚不在所住的单身公寓，于是便利用刚学得的开锁技术潜入对方家中，偷了一些衣物。回到自己的房中，他把这些衣物抱在怀里，幻想自己所抱着的就是那位女职员……然而，在心理得到满足之余，惊恐与羞愧的念头随即浮上心头，于是他又将那些衣物统统丢入炉中焚毁。

几天之后，机会再度来临，他再一次成功潜入另一位女职员的住处。在兴奋、羞愧与害怕的复杂情绪中，凯文越陷越深，终至不能自拔。然而，凯文忽略了一个致命的错误，他的窃取对象都是同一家公司住在同一栋大厦里的单身女职员，当事人开始怀疑"窃贼"就在自己身边。终于在某天晚上，凯文在行窃之后被蹲守在楼下的警察逮了个正着。警察从他的身上搜出了刚刚偷来的女性衣物，人赃俱获。原来，公司的女职员们在屡屡被窃贼光顾以后大为光火，她们想出了这么一个"请君入瓮"的局，结果凯文被送上青少年法庭。

凯文的行为在心理学上称为"恋物成瘾"，所谓恋物成瘾是指沉迷于玩弄一些无生命物品，即恋物。通常恋物成瘾发病始于青少年，恋物成瘾一旦形成，将会是一个长期的、反复发生的行为。

从强迫谱系障碍来看，恋物成瘾具有强迫症的许多特点，譬如，自己想过正常人的日子，但又想通过恋物寻求刺激，这就是强迫与反强迫；自己也在努力控制，但越控制症状越发牢固，并为此苦恼不已；具有完全的自知力。

类似凯文的这种恋物行为多出现在男性身上，他们尤其喜欢接触异性穿着或佩戴的物品，并以此来引发兴奋感。这些物品多是直接接触异性体表的东西，如一绺头发、鞋、手套、内衣、发夹、别针、项链等。有时为了获得这些物品，他们甚至不择手段去偷，因而触犯法律。

一直以来，这类"恋物成瘾"行为并没有得到社会大众的正确认知，最初，人们将其称为"流氓行为"，后来又称其为"性变态"，现代医学界则为其正了名，将其归为性偏好障碍的一种，强调与道德水平和意志力无关。一些专家已经提议，以"恋物成瘾"这个中性词来取代"恋物癖"这个含有歧视色彩的词语。笔者在文中一直使用"成瘾"一词，就是希望当事者和社会大众都能够明白，这个非正常体现与酒瘾、烟瘾、药瘾、网瘾、赌瘾等类似，都是一种成瘾行为，与道德水平和意志力无关，只是一种身心疾病。这类心理障碍形成的原因很复杂，多与个人成长经历、家庭、社会文化环境、压力、性教育不当等有关。

其实，无论是迷恋哪一种物品，大家都应该给予理解，并及时帮助治疗。事实上，恋物成瘾是一种性心理幼稚的表现，是可以纠正的心理障碍。而且年龄越小，纠正的难度也就越小。

作为当事人的亲友，在发现其怀有恋物倾向时，应给予适当的理解和宽容，不要把他当作病人来看，在尊重的前提下，进行沟通与疏导。如果可以的话，尽量增加与当事人相处的时间，多用亲情、友情与其沟通，增加感情投入，帮助当事者树立正确的生活观念。切记不要流露出嫌恶、鄙夷的态度。

如果当事者还只是未成年人，那么家长切忌斥责、吓唬孩子，让他误以为性是见不得人的肮脏事，对性产生厌恶感，从而影响他今后生活的幸福；亦不可轻描淡写地一带而过，那等于是在放纵他的错误行为。

家长们一定要注意以下几点：

首先，根据孩子的心理特征和年龄阶段进行必要的性教育，引导他们正确认识两性生理和心理的差异，消除对异性的过分神秘感。

其次，一旦孩子出现"早恋"苗头，不要一味打压，因为这是一种正常情感，家长们应给予正确引导，让他们认识到自己当前的能力与任务，认清"早恋"对于自己的不利影响。

再次，对于孩子内心的压力与困惑，家长应协助其进行调节，从多方面减轻孩子的心理负担。

最后，家长要注意培养孩子的兴趣爱好，鼓励他们多与人交往。有类似行为的孩子一般内向羞怯、不善表达自己，不善与人交往。培养兴趣、增强人际交往可以转移他的注意力，纠正性格上的缺点，减少不良心理倾向。

作为当事者本人，亦应做好自我控制和调节，以期尽早回归到正常生活中去。

1. 将自己充分投入学习、工作、生活中去，去追求自我价值的实现，将自我扩大。

2. 可使用厌恶疗法，当恋物欲望出现时，重点想象如果让别人发现将要面临的尴尬和处罚。

3. 拒绝色情淫秽不良信息的诱惑和干扰。

4. 建立正常的异性交往。

⊃ 拿什么拯救你，我的睡眠

苏小姐在一家大型外资企业工作，白天的工作已经令她很是疲惫，本应该好好休息，可是一回到家中，原来的疲惫感就不见了。常常都是已经接近 10 点，她也知道自己应该早些休息，否则第二天一定精力不济，但还是忍不住在网上浏览网页、看小说、看电影、玩游戏，游戏玩完一局总是想着下一局，电视剧看完一集又想下一集，每天都要到 12 点以后才能上床休息。第二天，苏小姐一定是满脸的憔悴，浑身的疲惫，但是到了晚上，又开始不能自控地兴奋，依旧无法早睡。久而久之，她的精神状态越来越差，工作也受到了极大影响。苏小姐痛苦极了。

苏小姐的痛苦或许许多人都有。随着社会文明的发展，人们已经很大程度上摆脱了体力劳动，更多地从事着脑力劳动，身体虽然轻松了，但心理压力却在与日俱增。很多人，尤其是都市中的白领阶层，经过一整天的繁忙工作以后，依然会以极大的热情投入夜幕之中，享受着夜晚带给他们的精神刺激。网络游戏、网络视频、泡论坛、聊天、夜店、聚会……充斥在都市人的夜生活之中，"晚睡"悄然成风，从偶尔为之到习以为常，直至苦恼不已，身不由己，也就是进入了"晚睡强迫症"的状态。

很多年轻人对此不以为然，他们会给晚睡找到很多借口，诸如，熬夜是否为了缓解白天的压力；时间这么宝贵，睡觉就太可惜了；夜晚的时间才真正属于我，必须尽情去做我喜欢做的事情……带着这样的想法，他们继续着夜色中的狂欢。殊不知，严重的生理和心理疾病正在慢慢靠近他们。

美国国家健康研究中心的最新研究成果表明，熬夜是人们向自己健康赊债的一种"赌博"行为，筹码就是"睡眠"。英国心理学专家也认为，睡眠是仅次于健康饮食和体育锻炼的一项直接影响人健康和长寿的因素。多睡一小时，所得到的不只是工作时的精力充沛，还有可能挽救了自己的生命。

研究生物节奏的专家认为，睡眠不足的影响日积月累，最终会严重危害健康，甚至像肥胖症、癌症都与熬夜有直接的关系。因为熬夜会使睡眠规律发生紊乱，影响细胞正常分裂，从而导致细胞突变，产生癌细胞。

晚睡的后果如此严重，所以沉迷于夜色中的都市人必须有所警醒。我们可以晚睡，但不要让晚睡成为一种常态。如果你已经成为"晚睡强迫症"大军中的一员，那么请尽快寻求全面的诊断和治疗，让自己脱离强迫症的魔掌，回归到正常的生活之中。

那么，就当事者自身而言，该如何预防或摆脱"晚睡强迫症"呢？

1. 从思想上把一些错误观点纠正过来，必须认识到：夜晚的时间不是用来狂欢或是拼命工作的，它就是用来休息的。别忘了提醒自己，晚睡会使青春早逝；熬夜玩游戏、看电视非但不会缓解压力，反而会带来很多新烦恼。

2. 可以尝试在白天的业余时间安排一些自己喜欢的活动，如瑜伽、广场舞，等等，将兴奋的事情从晚间挪到白天，并借此来缓解心理上的紧张和压力。

3. 可以运用纸条提醒、心理暗示及自我统计几个方法减轻强迫症状。譬如，在办公桌的醒目位置贴一张纸条，写上"我回家以后要按时吃饭"，在家中的醒目位置以及电脑旁再贴一张纸条，写上"10点之前一定要上床睡觉，为了我第二天有充沛精力工作"。如果有朋友邀约午夜狂欢，要在心里提醒自己"我工作一天了，身心俱惫，必须早点睡觉，这样第二天才能有一个好的精神状态。"然后，给自己做一个统计表格，以检测自己的变化，查看自己每天回家以后都做了什么，是否按时入睡，有哪些事情在干扰着自己。这些记录可以起到监督和激励的作用，帮助自己树立克服"晚睡强迫症"的信心。

需要说明的是，摆脱"晚睡强迫症"需要一定的时间、一定的过程，所以不要着急。只要当事者愿意配合治疗，并不断进行自我调整，是完全可以远离"晚睡强迫症"的。

3.综合诊疗

➲ 强迫症的自我评估

过快的生活节奏、强大的工作压力使越来越多的人开始怀疑自己是否患上了强迫症。其实，多余的担心是没有必要的，但完全忽视也不提倡。所以我们有必要了解什么样的人易患强迫症、强迫症状具有哪些特征、表现为哪些行为，以此来判断自己是否已经进入病患行列。

医学研究表明，具有过分追求完美、犹豫不决、谨小慎微、固执等不良个性特征的人更容易患强迫症。

强迫症状一般具有以下特征：

1. 当事者明知强迫症状不对但无法控制，因为一旦控制不去做，就会出现紧张、心慌等严重的焦虑表现。为了避免焦虑的发生，当事者只好去想、去做。这个特点称之为有意识的自我强迫和反强迫。

2. 当事者能够意识到这种强迫的意识和冲动来自自我，而不是来自外界，是自己的想法。

还有一种广义的强迫障碍，叫作强迫谱系障碍，其病症具有类似特点：表现为反复出现的观念和（或）行为，且难以控制。譬如疑病症、冲动控制障碍，以及个案报告中提及的成瘾行为（恋物成瘾、偷窥成瘾、网络成瘾、强迫性购物，等等）。

强迫症的自我评估还有一种简单的测试法。

1. 是否经常性强迫自己计算毫无意义的数字，例如一边走一边计算走了多少步。

2. 是否经常性反复洗手，而且洗手时间很长。

3. 是否觉得自己穿衣服、脱衣、清洗、走路时要遵循特殊的顺序。

4. 是否经常性对细菌和疾病产生毫无必要的担心。

5. 是否经常性怀疑门窗或抽屉没有锁好，于是反复进行检查。

6. 是否经常性强迫自己回忆某些不愉快的往事。

7. 是否经常在寄信以后，怀疑自己写错地址，后悔没有反复检查。

8. 是否对一些无关紧要的事情或现象，总喜欢追根寻源，结果总是越弄越糊涂。

9. 是否在见到或听到某件事情以后，总是会联想到身边的人，如看见灾难性新闻即联想到自己的亲人出现意外。

10. 是否在上床以后经常浮想联翩，大脑根本停不下来，辗转难眠。

11. 是否经常觉得自己没有把事情做到最好，于是反复修正，直到自己认为已经做好了为止。

12. 是否经常无缘无故地担心自己患上了某种疾病，心情为之沉重不已。

13. 明知道自己所想的或所做的事情是不合理的，却又无法摆脱，因而深感痛苦、焦虑不安。

如果符合上述行为中任意四项或者四项以上，就有可能患上了强迫症，需要去专业医疗机构接受诊断治疗。

强迫症的自我调节

前段时间，英国足球明星贝克汉姆曾自曝患有强迫症，他对一切都要求完美或是井井有条。只要闲下来，他就会一遍遍地摆放家中的饮料、衣服和杂志等，直至达到自己心中完美的格局才会停止。相关资料统计，全球已有3000余万人患上了这种"完美强迫症"，而罹患其他各种类型强迫症的人更是不计其数。做好强迫症的预防和自我调节，对于现代都市人而言显然是非常有必要的。

1. 放松自己

过度紧张是非常糟糕的事情，这会导致大脑进入强迫思维的死循环，所以看待问题时，应尽量保持松弛的状态。此外，运动也是最好的身体放松法，将自己全身心投入到运动中去，整个身体都会随之活跃起来，大脑也会多分泌多巴胺、内啡肽等令人愉快的激素。一次畅快淋漓的健身运动结束后，你或许就会发现，这个世界原来如此清新。

2. 凡事顺其自然

强迫症的一个明显特点是喜欢琢磨，一个芝麻绿豆大的事情往往能想成天大的事情来。所以在面对问题时，不要较真儿，不要钻牛角尖，去适应环境而不是刻意去改变环境。做事时，应抱着一种欣赏、感受、体验的快乐去享受过程，不要过分在意结果。这对于预防强迫症很重要。

3. 接受不完美

对于那些非原则性的细节问题，让自己更随意一些，不要过分关注细枝末节，有意识地锻炼自己在细节方面的宽容度。比如看到房间有些凌乱想要发脾气时在心里提醒："凌乱并不会毁掉我的人生，为何我要惩罚自己？不完美的安宁也是安宁，痛苦是因为心在放大。"让自己心平气和，不去多想，你就会体会到摆脱后的轻松。

4. 正视失败

别把失败太当回事，失败又怎样？人生并不会就此损毁。很多成功人士就是因为经历过失败才找到了自己的正确的位置和发展方向。向自己信任、尊敬的人倾诉一下，了解一下他对失败的态度和看法，接受他的安慰与鼓励。

5. 不要过分在乎自我形象

不要老是在心里重复问自己：我做得足够好吗？我这样做行不行？别人会怎么看我，等等。这些问题会加重自己的紧张和焦虑情绪，对自己随和一点，这是预防强迫症的关键。

6. 正确认知自我

对自己的个性特点以及心理状态有个正确、客观的认识，对现实状况有个正确、客观的判断，丢掉精神包袱，从而减轻不安全感；学习合理的应激处理方法，增强自信，以减轻其不确定感；不好高骛远，不过分追求精益求精，以减轻其不完美感。

7.15 分钟法则

这是美国精神病学会针对强迫症患者所提出的自我控制疗法。具体说明一下：如果想反复洗手，就先问自己"我真的需要洗手吗"，5 分钟之后再告诉自己"我没有立刻去洗手，好像手也没那么脏"，再过 5 分钟，告诉自己"这是强迫症在作祟"，最后 5 分钟试着转移注意力，如玩游戏、与朋友聊天等。

如果自我调节不能解决问题，及时请心理医生或精神科医生实施有针对性的诊疗。

⊃ 饮食保健

强迫症虽然给现代人的生活造成了极大的困扰，但只要当事者积极面对，再辅以耐心调养，获得康复并不是难事。医务工作者表示，强迫症患者多吃以下食物，可以辅助改善强迫症。

1. 菠菜：含有丰富的镁能使人头脑和身体放松。

2. 鸡蛋：富含胆碱，胆碱是维生素 B 复合体的一种，有助于提高记忆力，使注意力更加集中。

3. 香蕉：香蕉中含有一种被称为生物碱的物质，可以振奋精神和提高信心。

4. 瓜子：富含可以消除火气的维生素B和镁，还能够令你血糖平稳，有助于你心情平静。

5. 燕麦：富含维生素B，有助于平衡中枢神经系统，使你安静下来。

6. 葡萄柚：不但有浓郁的香味，更能净化繁杂思绪，也可以提神醒脑，加强自信心，其所含的高量维生素C不仅可以维持红血球的浓度，使身体有抵抗力，而且维生素C也可以抗压。

7. 鸡肉：是硒的一个重要来源，硒的摄取能够帮助人恢复协调性。

8. 全麦面包：谷类中含微量矿物质硒，有振奋精神的作用。碳水化合物抵抗忧郁的作用虽然较慢，却是最健康、无副作用的。

另外，还有一些食品则是强迫症患者尽量少吃，甚至不吃为妙的。

1. 含糖食品：郁闷的一天快要结束时，有些人习惯吃上一块巧克力。事实上，医学专家建议强迫症患者最好不要吃巧克力。因为沮丧、疲劳、焦虑和经前综合征等众多问题都与糖分有关。

2. 酒精：从某种意义上说，酒精的确是一种镇静剂，偶尔为了放松喝上一点也无妨，但如果过量，就会使人过度兴奋、焦虑，甚至是疯狂。

3. 咖啡：一定离它越远越好！咖啡因会过分刺激神经系统，令人神经过敏、焦虑不安。

当然，仅靠饮食调节是无法治愈强迫症的，当事者在保养和调理上更要重视心理护理。亲友要与当事者建立良好、有效的沟通和互动，帮助他们尽快地将"潜意识中的老鼠"驱赶出去。

（仅供参考，具体请询问医生）

二、疯狂的妄想

1.偏执症之谜

⇨ 极其顽固地固执己见

看过电视剧《渴望》的人们可能还对其中王亚茹这一角色记忆犹新。剧中的她几乎是观众一致公认的"最没人情味"的人,这个人自负清高、傲慢不逊、冷漠无情、孤僻多疑、不苟言笑、不善交际、生性忌妒、执拗刻板。她与慧芳、小芳、月娟、刘大妈等人势如水火;对自己的父母及弟弟也常常冷面寒霜;对待恋人罗冈更是到了不近情理的地步;就连唯一与她走得近一些的老同学田莉,也因为受不了她那古怪的脾气而几次不想再去管她。她说话做事全凭个人意愿,我行我素、随心所欲,根本不考虑旁人的感受,这几乎让她成了"全民公敌"。王亚茹所表现出的行为模式用现在的话来说,就是偏执型人格,亦称偏执症。

偏执型人格又叫妄想型人格,指以极其顽固地固执己见为典型特征的一类病态人格。

他们很自负,自我评价过高,常常固执己见,独断专行,因此免不了和别人经常发生矛盾、争辩,但他们从不肯承认自己的错误,在事实面前仍强词夺理或推诿于客观因素。

他们往往喜欢忌妒，喜欢鸡蛋里挑骨头，不大愿意承认别人的成绩。

他们听不得不同意见，不理解别人的良苦用心，随心所欲、我行我素，独断专行、妄自尊大，不懂得尊重别人。

他们不能正确、客观地分析形势，有问题易从个人感情出发，主观片面性大。

他们总是将周围环境中与己无关的现象或事件联想到自己身上，觉得是冲着他来的，甚至还将报刊、广播、电视中的内容与自己对号入座。尽管这种多疑与客观事实不符，与生活实际严重脱离，但即使他人反复解释，也无法改变他们的想法。

持这种人格的人在家不能和睦，在外不能与朋友、同事融洽相处，严重者，甚至还会对被怀疑对象产生强烈的冲动及过激的攻击行为。譬如众所周知的马加爵就是典型的人格障碍，他总是偏执于身边的人看不起他，甚至可以把任何事情都与之联系到一起，最终酿成了悲剧。

可见，持有偏执型人格的人，如果不能及时、主动地矫正自己的性格缺陷和心理障碍，则会因环境变化、人际关系紧张、工作生活不顺心，加上激烈的精神刺激等因素，而诱发为精神疾病，甚至对家人和社会造成损害。这样的事例并不鲜见。

然而，很多时候，人们容易将"偏执"误解为固执，其实二者是有很大区别的。"固执"是个性，就是说一个人如果作出了决定，不撞南墙是不回头的，还可以理解；偏执则是心理障碍，就是说即使撞上了南墙，还会拿头继续去撞，在别人看来是不可理喻的。适当的固执为人平添一份可爱的"原则美"，而偏执往往容易把人生打成死结，伤害自己，也伤害他人。多数比较固执的人，虽然难以改变，但仍然可以沟通和讲道理，而一旦达到偏执的地步，就很难沟通了。因为偏执的人往往会把别人的沟通视为一种攻击，非常容易因此认为别人都对他有敌意，其实往往是偏执的人对别人敌意很重。

不过，持有偏执型人格的人智力尚属良好，有的人还能取得杰出成就。其实不少艺术家、哲学家和自然科学家、政治家也是属于偏执型人格的。所以，持有这种人格症状的人也不要太过惶恐，要勇于承认自己的人格缺陷，正视它，如果控制、调节得好，非但不会对自己及别人造成伤害，或许还能作出不错的成就。

⊃ 病因分析

在人格障碍这种心理疾病中，偏执型人格障碍应该算是发病率较高的一种，它的形成原因有以下几种。

1. 早期失爱
幼年时生活在不被信任、常被拒绝的家庭环境之中。缺乏父爱或母爱，经常被指责和否定。

2. 后天受挫
在成长过程中，连续性地遭受生活打击，譬如经常遇到挫折和失败，又或者经常遭受侮辱、冤屈。

3. 自我苛求
对于自己的要求标准极高，并与自身存在某些缺陷之间构成尖锐的矛盾，但是从不公开承认自身的某些缺陷。如个子不高、长相不出众、才能不突出等。其实，其意识深层正为此深深地自卑。

4. 处境异常

某些异常的处境也会使人偏执。如没有学历的人厌恶别人谈论学历，经济状况不好的人回避谈论经济收入问题，单亲家庭的孩子怕别人知道自己的家庭情况。这可能会导致当事者对人生产生不正确的看法。如果长期处于这种自卑、紧张、冲突的情绪状态及人际环境中，就会形成对人的戒备习惯和冷漠情感，进而演变成偏执性格，这种性格遇到突发刺激可能会加重，甚至发展为偏执性心理疾病。

另外，这种人格的形成也可能与他们青少年时期的成长有关。这些人一般都比较聪明，长期受到家长、老师、亲友的宠爱与迁就，得到了过多的赞扬，因而在潜意识中对自我形成了过高的评价，对别人则过分贬低。进入社会以后，他们无法像在家中、在学校里那样被众星捧月、随心所欲，就会感到自己缺乏应有的重视，感到无比委屈。他们的自大其实是一种防御，因为他时刻感到别人在小看他，所以他要用小看别人来反击。他们常怀疑别人在贬低、威胁或压制、迫害自己，对自己不公平、不信任或不忠实，因而自己也不相信别人，而且容易因为觉得自己吃了亏而怒不可遏地进行反击。他们的不良情绪似乎只有通过大肆贬低、羞辱别人，狂热炫耀自己才能得到宣泄，因而人人唯恐避之不及。

理论上一般认为，其症状的形成有一个发展的过程。

1. 一般的疏远

儿童期受到大量的斥责或其他环境创伤，便形成一种与别人在感情上疏远的不良倾向。

2. 不信任

在与家人及周围人的正常关系中，缺乏感情上和交往上有效的反馈，偏执的倾向发展为一种对别人和整个世界都不信任的观念。

3. 知觉和思维的选择性过滤

不信任的观念会使大脑对接收到的信息有选择性地进行过滤，主观上筛掉自己不喜欢的信息，只保留符合自己思维逻辑的信息。这更加深了偏执人格障碍者与周围环境在关系上的疏远。

4. 焦虑和愤怒

与周围环境的长期疏远会使人的情绪极不稳定，产生过度的紧张、焦虑，常把别人看成是问题的根源，对别人有一种"敌视心理定向"，很容易产生对具体的人和事的怀疑与愤怒。

5. 歪曲的洞察力

随着疏远和敌视的加深，当事者会形成一种"看破红尘"的意识，把行为的偏执理由当作事实接受，错误的信念逐渐被"合理化"。

6. 妄想

错误信念的持续，使当事者越发地以自我为中心，为了补偿潜意识中的自卑感，就会设想出自己的优越感，通过妄想而使自卑合理化。

以上便是偏执型人格的形成原因及形成过程，为了尽可能地保证自身心理的健康，同时也避免偏执型人格障碍给心理带来危害，都市人在生活中应务必做好调理和预防工作。

2.个案报告

⊃ 阴谋论者

不久前,吴先生被调到集团下属外地企业去做业务经理,他认为这是明升暗降。"为什么要调离我?"他认为肯定有人从中搞鬼,"是上司忌妒我的才干,怕我有一天抢了他的位置。"吴先生为此愤愤不平,他觉得自己受到了排挤。上司总是说他搞不好同事关系,给他安排工作时异议又很多。"我为什么要理那些人呢?"吴先生觉得自己从来就没有做错过。

"这口气怎么咽得下去!"吴先生向老板投诉,表达自己的不满,诉说自己的委屈,"我要让他吃不了兜着走!"吴先生恨恨地想。女朋友劝他不要这样做,他不听。她说他心理不正常,吴先生一下子火了:"我有什么问题,我看是你变心了!"这时他恍然想起,每次女朋友去单位,与那位上司之间好像都在眉来眼去。"对,他们一定是早商量好的,将我调走,这样他们就有更多的时间勾搭在一起了!我和他们没完!"事实上,每位与吴先生交往的女孩子都曾被他怀疑过,不是怀疑人家不忠,就是怀疑人家另有目的,所以即便吴先生长相不错,工作也不错,但直到30多岁的年龄，还没有一个女孩子能够与之达到谈婚论嫁的程度。

吴先生这种状态已经持续很久了，那还是他上高中的时候，虽然成绩很好，但人缘却非常差。为什么呢？因为吴同学总是觉得自己胜人一筹，又觉得别人都在忌妒自己的才能。他觉得别人看自己的眼光都是异样的。同学们受不了他，疏远他，他更认定自己的猜想是正确的。他还爱顶撞老师，因为他觉得老师有很多观点都是错误的，反而却来批评自己，他甚至认为老师都在忌妒自己。

这么多年，吴先生也没有一个真正长久的朋友，别人在与其短暂接触以后，都唯恐避之不及。吴先生也从不主动去与别人交往，他更乐于独处，那样似乎更安全。他怀疑一切，认为一切都隐藏着阴谋或者灰色地带。现在，他更是认为自己被人玩弄了。他恨这一切，同时他又认为，这是天妒英才。

猜疑是毫无根据地对一些自己并未完全了解的事情进行各种设想、猜测、主观加工，并对自己的"内心假定"信以为真。为什么会有猜疑心理呢？可以说，这也是人的一种本能。人类为了生存要抵制来自各方面的威胁。猜疑是人类为保护自己而作出的本能防御。从这个层面上讲，每个人都有可能在某些时候产生猜疑心理，如果程度较轻，现实感和自我功能都很好，就不会对生活造成很大的影响……然而，猜疑过度就是不自信、自卑的表现了，是防御心理的过度。这样的猜疑往往是对自己不利的、消极的。

吴先生的猜疑心理显然已经影响到了生活。他敏感多疑，对任何人都有很重的猜疑心，经常感到自己受到了别人的忌妒、陷害与攻击。从吴先生与前任、现任女友的关系中也不难发现，他这个人虽然在一些方面也不失为强者，但总会无端自卑。由此基本可以断定，吴先生是偏执型人格障碍的持有者，虽然程度并不算太重，但却有向严重发展的明显倾向。

对于吴先生来说，当前最重要的是认识到自身人格障碍的性质、特点和危害性，愿意主动接受医生诊疗并积极进行自我调节，循序渐进，提高自己对于社会和人际关系的认知，恢复交友活动，在交往中学会信任别人，逐渐消除自己的不安和多疑。

有类似症状的朋友可以从以下两个方面着手去调节自己的心理状态。

1. 进行积极的自我暗示

可以在心里默念："一个人多疑偏执，不利于人际交往，因为多疑偏执，就会听不进别人的任何意见，就会使别人感到自己难以接近。因为多疑偏执，即使自己的意见是正确的，也会使别人在情感上难以接受，就有可能产生反面效果。所以务必要改掉多疑偏执的缺点，要谦和、平心静气地表达自己的观点，要积极地去倾听、思考别人的意见，这对自己总是有帮助的。不要总认为自己比别人强，一山还比一山高这是事实。不要整天疑神疑鬼，不要觉得别人都是阴谋家，怎么可能所有人都针对你？如果我能用豁达、宽容的态度对待别人，相信别人也会这样对待我。"

最好每天都默念一次，在大脑皮层兴奋性较低的早晨、午休或就寝前进行。坚持一段时间，偏执症状就会得到缓解，甚至有明显的改善。

2. 学会用自我分析法分析自己的一些非理性的观念

每当对别人出现敌意观念时，马上分析一下是不是被非正常情绪卷入了"敌对心理"的旋涡；每当对别人心生猜忌时，马上分析一下是不是自己被卷入了"信任危机"之中，尽量保持客观的判断。如果答案是确定的，就要提醒和警告自己：不要再沉浸于"自我信任"之中了，这个世界更多的还是好人，很多人都是可以信赖的，不应该对所有人心存怀疑，否则就会失去所有人的信任，就会毁掉自己的生活。这种自我分析非理性观念的方法，在一定程度上可以阻止偏执行为，有时自己不知不觉表现了偏执行为，事后应抓紧分析当时的想法，找出当时的非理性观念，然后对自己作出警告，以防下次再犯。

良好的自我调节对于一些症状较轻的人可以起到不错的纠正作用，但如果是一些已发展至极端，乃至严重妄想者，则需要请专业医务工作者针对具体情况辅以具体的心理治疗了。

⮕ 被同化的女人

赵女士在北京经营着一家建材商店，生意一直不错，小有财富，然而她的情绪一直处于不稳定状态，一个人的时候常会哭泣。

她觉得身边没有人理解自己，没有自我价值感，生活毫无意义可言。近一段时间，她感觉自己已经无法控制情绪了，每次情绪发作时，自己就好像变成了另外一个人，满脑子都是丈夫如何亏待她、骗她，甚至认为他和婆婆在对付自己，要害自己。情绪来时如洪水猛兽，去得也快，事后又非常后悔，不知自己为何会变成这般模样。平均每周三到四次，这令赵女士痛苦不堪。

赵女士出生在一个物质富足的家庭中，父亲算得上是当地的成功人士，但性格暴躁，唯我独尊，对赵女士的管教非常严厉，经常斥责，亦有打骂。母亲的脾气也不好，父母经常吵架。赵女士从小就很怕他们，唯恐父母不顺心就拿自己出气。到了青春期以后，父母不允许她单独出去玩；放学以后必须准时回家，不然父母是要发火的。这使得赵女士从小就很乖顺，不谙世事，爱幻想。

刚刚工作那会儿，赵女士结交了第一个男朋友，虽然父母表示明确反对，但赵女士终于做了一回自己的主。她在父母的责骂声中离开了家，开始与男友同居。最开始的两个月，两人关系还算融洽，之后，两人开始争吵，男友骂她、羞辱她，甚至还动手打她。她要离开他，他跪下来求她，情真意切，痛哭流涕。她心软了，想到平时他对自己真的很体贴，这个时候她脑子里又都是他的好。这是她的初恋，她真的很珍惜这段感情。然而他总是时好时坏，好的时候是真好，处处体贴她、关心她，坏的时候是真坏，简直不可理喻、不近人情。就这样，他们在一起相互折磨了6年，她再也无法忍受，最终提出分手。他当然不愿意，但她决心已定。

她逃离了那座城市，孤身来到北京。两年前，她结识了现在的丈夫。他们沟通得非常好。她觉得这个人很可靠，性情温和。随着接触的增多，两个人确立了恋爱关系。第二年，他们组建了家庭。

家庭生活中的琐事影响到了她的情绪，也勾起了她的回忆。她来到北京，原想与过去做个了断，摆脱心中的阴霾，然而这阴霾却越来越重，越想忘记，越挥之不去。她为此常在梦醒时分轻轻抽泣，莫名其妙地对丈夫发火。丈夫不理解她为什么会这样，问她时，她又不愿意去讲，怕丈夫知道她的过去。有时丈夫保持沉默，她就更火大、更伤心。她会不知不觉地拿前任与现任做比较，总觉得现在的丈夫没有前任对她那样体贴、细心。她知道不应该这样，但就是无法控制自己。

婆婆现在独自居住，母子两人都相互关心。儿子考虑母亲一个人可能会孤独，经常打电话问候，时常陪她聊天。就因为这一点，她非常烦恼、生气，她觉得婆婆抢走了丈夫对她的爱，她不愿意与人分享。逐渐地，她的郁闷发展成了猜疑，她觉得两个人如此频繁地通电话是在合谋要害她，她开始怀疑丈夫当初和自己结婚是有所图，确切地说是为了她的钱。冷静下来，她也知道自己的想法不可理喻，但她无法自控。

从赵女士的感情生活来看，她的遭遇是不幸的。过严的家庭教育、缺乏温情的成长环境造就了她单纯无知的心，也在某种程度上注定了她的经历。透过人格特征，基本可以判断她的前男友具有偏执型人格障碍。可是她并不了解，她忍受了6年不堪回首的生活。在这6年中，她始终在被要求按他的意愿做事、按他的思想生活，她几乎丧失了自我。她虽然猛然觉醒，断然离去，然而，单纯如白纸的她已经被偏执的前男友所涂画，她的人格被"同化"了。由于被"同化"，她变得敏感、多疑，自我为中心，不去理解别人，依赖性强，希望被关注。

赵女士所表现出来的是典型的"创伤后遗症"，带有很强的偏执色彩，既跟别人较劲，也跟自己较劲。以往的事情在她内心里留下了严重的创伤，大多时候，她的内心在本能地压抑对这件事情的担心、恐惧和愤怒，而结婚后的家庭生活激起了那次创伤的回忆，以至于无法自控。

客观地说，有过异常痛苦的经历，产生一点偏激的想法也属正常，说说狠话、怪怪别人发泄一下也就算了，千万不要让这些痛苦停留在自己的潜意识中，使之成为挥之不去的阴影。别让自己的身心一触碰到现实就亮起红灯。在这个世界上，最可怕的心理就是"不信任"，一个人如果不信任这个世界，就等于已经把自己隔离在这个世界之外，偏执、孤独、焦虑、痛苦随之而来。

对于赵女士而言，她现在最需要的是内省，正视自己的心理障碍，好好想想在现在这段感情里自己的问题、自己的偏执，主动接受治疗，并做好自我调节，让自己从阴霾中走出来，成为心灵上的强者。

⊃ 不相容

小沈在大学毕业以后的一年间里，已经换了 5 份工作了！

他头脑聪明，思维敏捷，办事能力强，好胜心也很强，接受了任务以后就会马不停蹄地去完成。

但他个性突出，在讨论工作时固执己见，又总是喜欢炫耀自己，同时去贬低别人；他说话尖酸刻薄，爱挖苦人，对所有人都持轻蔑态度。平心而论，他在业务上还是很成功的，但大家都不喜欢他。他每到一个单位，用不了多久就会与同事关系紧张起来，而他还总认为是领导偏向别人，压制甚至排挤自己，最后大吵一通，拂袖而去。

小沈这也属于偏执型人格，在职场上我们常看到类似的人。他们对同事和主管的话很敏感，尤其是批评，总是会拿自己对号入座；他们做事情很怕被同事和主管看轻，谨慎过分，不爱求助别人，因为怕暴露自己的缺点；如果某次绩效考评综合评分不高，这个时候他们不是选择与上司坦诚沟通，而是跑去一个人喝闷酒，甚至上网骂上司；他们之中有些人遇事情不敢据理力争，太"老实"，又有些人没理也要争三分，太"执拗"；他们非常在意别人如何评价自己，达到了偏执，比如某次开会自己说错了话，其实事后很多人都忘记了，他们却还在想别人现在肯定在笑自己；他们对工作调整过分焦虑，比如某一次部门加薪没有自己，心里就会七上八下，一直在猜想"是不是我做得不好？公司是不是准备把我开掉"，又或者"上司是不是对我有意见，是不是在给我穿小鞋"，而事实上，这只是公司调薪还没轮到他而已，根本就不是觉得他不行。

这种人一般都有两分法的世界观，就是非对即错。所以逻辑是他们的强项，圆通是他们的弱项。所以，他们往往能够处理好工作任务，却处理不好人际关系。

像小沈这样的人应该注意，要认识到自己存在的心理缺陷，学会客观分析事物，纠正非理性观念，树立对别人的信任感，从"敌对心理"的陷阱中挣脱出来。同时要进行行为调整，鼓励自己积极主动交友，注意"心理相容"，宽容朋友的缺点和不足之处，对自己的缺点也要充分认识并努力改正。

事实上，要赢得别人的尊重和信任，首先要尊重别人和信任别人。

要学会恭谦。虚心是医治偏执的良药，只有虚怀若谷，才能博采众长，才能自信而不自负，坚韧而不偏执，也只有这样的人才会受人欢迎。做事时，要谨遵对事不对人、"严于律己，宽以待人"的原则，灵活通达，才更容易获得别人的好感。

在看待问题时应学会冷静思考，一切从客观事实出发，克服思维的片面性，多征求别人的意见。待人接物随和一些，不要总是独标高格、特立独行，尽量少将自己的想法强加于人。

必要的时候，应在心理医生的指导下，进行系统的行为矫正训练。

其实像小沈这样的人，如果心理能够得到及时调整，就能够改变剑拔弩张的人际关系，工作也会变得更有成效。

相思成"灾"

何小姐是北京一家国企的高级白领，工作业务突出，长相清新秀丽，虽然已年满三十，却一直名花无主，原因是她这个人太矜持、太端庄了，总给人以拒人千里之外之感。所以，虽然各方面条件都很不错，但却鲜有男士敢轻易接近她。

然而，她在同事心目中的形象却在一次旅行中被彻底颠覆了。

去年"十一"黄金周期间，公司组织员工旅游。初到美丽的大草原上，同事们异常兴奋，说笑不断，而平时并不孤僻的何小姐却突然变得寡言少语。原来，她的眼睛一直在盯着不远处一个放牧的藏族小伙。那个小伙个子高高，肌肉强健，古铜色的皮肤彰显着健康。不多时，小伙子翻身上马，飞奔而去，动作一气呵成，何小姐的眼睛里简直要放出光来了。此后的何小姐一改往日矜持端庄的模样，与同事大谈这个小伙的气质与风度，甚至直言不讳地说自己已经爱上这个小伙子了。

为了凑成何小姐的好事，同事们帮忙找到了这个小伙。让大家铁破眼镜的是，这个小伙只是一个普通牧民，只是身材健硕，长相非常普通，而且文化程度较低，与其交流都十分困难。但何小姐并不在意这些，她一口咬定，藏族小伙就是自己命中注定要找的那位"白马王子"。接下来的时间里，何小姐根本无心游览，她只有一个念头，就是向小伙子表露心声，并且表示非他不嫁，这让刚刚二十出头的藏族小伙不知如何是好。

这突如其来的事件让同事们也慌了神，公司领导立即与何小姐家人取得联系，并匆匆结束行程，返回北京。可回到北京的何小姐依然"意乱情迷"，她每天都要念叨几次这个藏族小伙的名字，称永远无法忘记他翻身上马那奔放不羁的动作，还向父母表示一定要再见一见他。

正值婚龄的男男女女偶遇一段缘分，如果能够好好把握，结成一段美好的姻缘，自然是好事。然而如果这段姻缘是不现实的，又或者为此做出了过激行为，比如执着于单方面的愿望，并为此不惜一切代价，又比如死缠烂打、寻死觅活，这就是一种心理障碍了。医学上称为"情爱妄想症"，这是一种非正常心态，而并不是爱情。

从心理学的角度上说，个体对异性产生的美好幻觉，是预先潜藏在心底的，偶遇与内心中的那个他（她）相似的个体，好感便会被激发。但正常情况下的一见钟情，只是对对方的气质、外貌等产生好感，在没有进一步了解的情况下，是不会贸然采取行动的。但是，在现代都市中，已经有越来越多的"情爱妄想症"被人们误认为是一见钟情，这并不是正常的，也是带有一定危险的。

曾看到这样一条社会新闻：

某厂职工薛某，对已婚女同事周某一见钟情，多次直诉情怀，多次被婉转拒绝。于是，他不断地给对方打骚扰电话，对方不堪忍受，将情况反映给了厂领导，薛某被辞退。但从这以后，他开始在周某上下班的必经之路上拦着对方表白，在被周某的亲友教训以后，他潜入对方家中，欲杀害周某的丈夫，所幸未能得逞。面对司法人员，他的理由是："她其实是喜欢我的，只是她摆脱不了世俗束缚，她太犹豫了，不敢离婚，我要帮她脱离苦海……"

而该厂的员工都可以做证，周某的家庭其实很幸福，从没有对他有过任何的暧昧表示，是他一直在骚扰人家的正常生活。显然，与何小姐相比，薛某的"情爱妄想"要更严重，已经到了心理扭曲的地步。他偏执地认为对方已经爱上了自己，但实际上这只是他的一厢情愿。当自己幻想出来的爱情遭遇阻碍时，他开始恼羞成怒，做出一些异常的举动，甚至不惜触犯法律。

"一见钟情"本是件浪漫的事，生活中，不乏一见钟情终成眷属的佳话。然而，因"一见钟情"导致"相思成灾"就真的不正常了。诚然，幻想里面有优于现实的一面，现实里面也有优于幻想的一面，完满的幸福应是将前者与后者合二为一，而不是让幻想失去控制，变成妄想、狂想，这无论对想象者本人和被想象的对象来说，都是不幸的。

事实上，在现代都市中，类似的现象并不少见。他们在现实生活中可能受到了挫折，也可能是因为感情问题不顺利，便会不知不觉地将自己的期望寄托到某个人身上。这个人可能是熟人，可能是陌生人，也可能是偶像明星。他们靠着这种安全而有距离的妄想，体会着爱情中的各种感觉，大部分是可以自己控制的，少数严重的会失去控制。

而类似何小姐这样的人是需要诚实地面对自己的内心了，要诚实地倾听别人的意见，而不是自动过滤掉自己不爱听的东西，专门挑符合自己逻辑的话。要知道自己的状态是有问题的，要用行动去解决自己的问题。要认识到，爱情并不是存在于空幻才完美，事实上，现实中的鸡毛蒜皮、喜怒哀乐样样都有的爱情才是真实的。如果有可能，尽快将自己投入到真正的爱情中去，感受现实中的喜怒哀乐，这会让你的心无暇幻想。

当然，如果只是轻度幻想，只把这作为一个美好的秘密珍藏起来，不影响自己正常的生活和工作，也不影响他人，而且幻想在自己的控制范围之内，那么，保留着一些粉红色的梦，只是作为生活的调剂，也是无可厚非的。

3.综合诊疗

偏执症的自我评估

为了便于诊断，《中国精神疾病分类方案与诊断标准》中将偏执型人格的特征描述为：

1. 广泛猜疑，常将他人无意的、非恶意的甚至友好的行为误解为敌意或歧视，或无足够根据，怀疑会被人利用或伤害，因此过分警惕与防卫。

2. 将周围事物解释为不符合实际情况的"阴谋"，并可成为超价观念。

3. 易产生病态忌妒。

4. 过分自负，若有挫折或失败则归咎于人，总认为自己正确。

5. 好忌恨别人，对他人的道错不能宽容。

6. 脱离实际地好争辩与敌对，固执地追求个人不够合理的"权利"或利益。

7. 忽视或不相信与自己想法不相符合的客观证据，因而很难以说理或事实来改变自己的想法。

以上症状至少要符合其中的三项及以上，方可诊断为偏执型人格障碍。

我们还可以做个自我评估，客观地想一想，在自己的身上有没有出现以下情形：

1. 在社交关系中感到孤独和不适，与亲友在一起感到很不舒服，很少动感情，而且还有知觉或者认知歪曲以及古怪的行为，除一级亲属以外，没有亲密的或者知心的朋友。

2. 对挫折与拒绝过分敏感。

3. 容易长久地记仇，即不肯原谅侮辱、伤害或轻视。

4. 猜疑，以及将体验歪曲的一种普遍倾向，即把他人无意的或友好的行为误解为敌意或轻蔑。

5. 与现实环境不相称的好斗及顽固地维护个人的权利。

6. 极易猜疑，毫无根据地怀疑配偶或性伴侣的忠诚。

7. 将自己看得过分重要，表现为持续的自我援引态度。

8. 将与自己直接有关的事件以及世间的形形色色都解释为

"阴谋"的、无根据的先占观念。

9. 过分的社会焦虑，往往伴有偏执性的恐惧感，但没有对自己错误的判断。

10. 虽然因以上问题感到痛苦，但并不能意识到自身的问题。

同样，如果同时具备以上问题三项及以上，建议前往专业医疗机构进行诊疗。

⊃ 偏执症的自我调节

偏执症应以心理治疗为主，以克服多疑敏感、固执、不安全感和自我中心的人格缺陷。主要有以下几种方法。

1. 亲人帮助

由于偏执症者对别人不信任、敏感多疑，不会接受任何善意忠告，所以最适合的调节引导者非其亲人莫属。当事者的亲属应在良好沟通的基础上，向他们全面介绍其自身人格障碍的性质、特点、危害性及纠正方法，使其对自己有一正确、客观的认识，并自觉自愿产生要求改变自身人格缺陷的愿望。这是进一步进行心理治疗的先决条件。

2. 交友训练法

在交友中学会信任别人，消除不安感。交友训练的原则和要领有以下几种。

（1）真诚相见，以诚交心。本人必须采取诚心诚意、肝胆相照的态度积极地交友。要相信大多数人是友好的和比较好的、可以信赖的，不应该对朋友，尤其是知心朋友存在偏见和不信任态度。必须明确，交友的目的在于克服偏执心理，寻求友谊和帮助，交流思想感情，消除心理障碍。

（2）交往中尽量主动给予知心朋友各种帮助。这有助于以心换心，取得对方的信任和巩固友谊。尤其当别人有困难时，更应鼎力相助。患难中见真情，这样才能取得朋友的信赖和增进友谊。

（3）注意交友的"心理相容原则"。性格、脾气的相似和一致，有助于心理相容，搞好朋友关系。另外，性别、年龄、职业、文化修养、经济水平、社会地位和兴趣爱好等亦存在"心理相容"的问题。但是最基本的心理相容的条件是思想意识和人生观、价值观的相似和一致，所谓"志同道合"。这是发展合作、巩固友谊的心理基础。

3. 自我剖析

具有偏执型人格的人喜欢走极端，这与其头脑里的非理性观念相关联。因此，要改变偏执行为，本人首先必须分析自己的非理性观念。如：

（1）我不能容忍别人一丝一毫的不忠。

（2）世上没有好人，我只相信自己。

（3）对别人的进攻，我必须立即予以强烈反击，要让他知道我比他更强。

（4）我不能表现出温柔，这会给人一种不强健的感觉。

现在对这些观念加以改造，以除去其中极端偏激的成分。

（1）我不是说一不二的君王，别人偶尔的不忠应该原谅。

（2）世上好人和坏人都存在，我应该相信那些好人。

（3）对别人的进攻，马上反击未必是上策，而且我必须首先辨清是否真的受到了攻击。

（4）我不敢表示真实的情感，这本身就是虚弱的表现。

每当故态复萌时，就应该把改造过的合理化观念默念一遍，以此来阻止自己的偏激行为。有时自己不知不觉表现出了偏激行为，事后应重新分析当时的想法，找出当时的非理性观念，然后加以改造，以防下次再犯。

4. 敌意纠正训练法

带有偏执型人格障碍的人易对他人和周围环境产生敌意和不信任感，采取以下训练方法，有助于克服敌意对抗心理。

（1）经常提醒自己不要陷于"敌对心理"的旋涡中。事先自我提醒和警告，处世待人时注意纠正，这样会明显减轻敌意心理和强烈的情绪反应。

（2）要懂得只有尊重别人，才能得到别人尊重的基本道理。要学会对那些帮助过你的人说感谢的话，而不要不疼不痒地只说一声"谢谢"，更不能不理不睬。

（3）要学会向你认识的所有人微笑。可能开始时你很不习惯，做得不自然，但必须这样做，而且努力去做好。

（4）要在生活中学会忍让和有耐心。生活在复杂的大千世界中，冲突纠纷和摩擦是难免的，这时必须忍让和克制，不能让敌对的怒火烧得自己晕头转向。

⊃ 饮食保健

一般来说，适合偏执型人格障碍的食物有：

鸡肉、酸奶、豆腐、啤酒酵母、大比目鱼、豌豆、葵花子、绿花椰菜、胡萝卜、玉米、鸡蛋、鱿鱼、马铃薯、番茄、全麦，等等。应注意，色、香、味、形，以增加患者食欲，对于有被害妄想的人来说，亲属可为其提供密封式包装的食物。

同时也要注意，有些食物也是偏执障碍者应尽量少食或尽量不食用的，因为这些食物可能会对病情造成刺激。如辛辣刺激类的食物、含咖啡因的食品、烟酒等，偏执障碍者尽量不要接触。

需要提醒的是，虽然食疗对缓解偏执型障碍具有一定的作用，但食疗在正规的治疗中起到的只是一个辅助作用，对于偏执型人格障碍者来说，寻求正规医疗诊治才能起到一个很好的效果。

（仅供参考，具体请询问医生）

三、我的心太乱

1. 焦虑症之谜

➲ 心似双丝网

"业务繁忙让我焦,股市大跌让我急,儿女升学让我虑,交通堵车让我躁,柴米油盐让我烦,生活是一张无边无际的网,轻易就把我困在网中央,我越陷越深越迷茫,路越走越难越彷徨,如何才能减轻心的恐慌?"如今,随着生活压力的与日俱增,"焦虑症"已经不知不觉困扰了现代人的生活。

焦虑症有很多种类型,按照患者的临床表现,常分为:

1. 广泛性焦虑

在没有明显诱因的情况下,经常出现过分担心、紧张害怕,但紧张害怕常常没有明确的对象和内容。此外,还常伴有头晕、胸闷、心慌、呼吸急促、口干、尿频、尿急、出汗、震颤等生理方面的症状,这种焦虑一般会持续数月。

2. 惊恐发作

在正常的日常生活环境中,并没有恐惧性情境时,突然出现极端恐惧的紧张心理,伴有濒死感或失控感,同时有明显的植物神经系统症状，如胸闷、心慌、呼吸困难、出汗、全身发抖等，一般持续几分钟到数小时。发作突然开始，迅速达到高峰，发作时意识清楚。注意，这种类型焦虑的出现是突发性的，无法预知的。由于急性焦虑发作的临床表现和冠心病发作非常相似，当事者往往拨打"120"急救电话，去看心内科的急诊。尽管看上去症状很重，但是相关检查结果大多正常，因此往往诊断不明确，使得急性焦虑发作的误诊率较高，既耽误了治疗，也造成了医疗资源的浪费。

美国的精神障碍诊断标准中，焦虑障碍包括：广泛性焦虑、急性焦虑发作、恐怖症、创伤后应激障碍、急性应激障碍、强迫障碍。这些疾病有一个共同点，那就是焦虑症状突出。

据医学资料统计，如今，广泛性焦虑、惊恐发作、恐惧症、创伤后应激障碍、强迫症等各种亚型的焦虑症在都市人群中都有增长趋势。那么，是谁放纵了焦虑症的滋生蔓延？答案正是都市人自己。

生活在都市中的人们，承受着很大的生活压力，物价、房价都是他们拼搏的原动力。但是很多人只有"张"没有"弛"，久而久之，得不到放松的他们变得非常烦躁，同时也造就了"都市焦虑症"的出现。据有关机构对我国10个大城市的调查显示，50%～60%的都市人有着不同程度的"焦虑症"。这与社会的发展迅速、都市节奏过快有关，人们由此对周围事物感到捉摸不定，如金融风暴、股市狂跌、物价飞涨、地震……人们不清楚发生在身边的事情到底会对自己产生多大的影响，因而有着莫名的焦虑，乃至于连堵车这样的小事也会令人变得焦躁不安。

显然，焦虑人人都体会得到，适度的焦虑能够让人们以更好的状态去完成任务。但是，如果长期处于焦虑中，就会危及身心健康。过度的焦虑是一种莫名其妙的紧张和担忧情绪，焦虑者常不知道自己害怕的是什么，只是觉得像"惊弓之鸟"，烦躁、坐立不安，对周围刺激敏感，惶惶不可终日，身体上伴有应激症状——全身肌肉紧张、乏力感，头、颈、背酸痛，心慌、胸闷、出汗、失眠，等等。精神分析学家指出，解决这一问题的方法就是完善自己的人格、性格，正确地认识自己，认识自己的能力。此外，可以学习一些心理学的知识，树立良好的心态，也可以向心理咨询师咨询解决的办法。

⊃ 病因分析

从医学的角度上说，焦虑症是精神障碍类的一种疾病，一般像这类疾病的诱因都很复杂，且没有十分明确的原因，没有一定的遗传性，大多数是因为外界环境的刺激所引发的。下面我们就来了解一下焦虑是从哪些方面引发的。

1. 没有做好迎接人生苦难的思想准备，总希望一切平安，一帆风顺，所以一遇到挫折障碍就会惊慌失措，怨天尤人，大有活不下去之感。

2. 在生活、工作、健康方面过于追求完美。稍不如意，就十分遗憾，心烦意乱，长吁短叹，老担心出问题，惶惶不可终日。

3. 总用社会价值的天平来衡量自己，潜意识中常拿自己与朋友、同事做比较，生怕自己不如人，越比越迷茫，越比越彷徨，乃至压得自己喘不过气来。尤其是自己处于劣势状况时，就会越发显得焦虑。

4.人际关系复杂，应酬接连不断，想躲也无从躲藏，人缘成了一种包袱，应接不暇，大有"人在江湖身不由己"之感。

5.好胜心太强，总希望自己能更上一层楼，再加上别人对自己的期望也很高，所以压力一直在堆积，一旦自己出现了偏差，就感觉自己辜负了很多人，焦虑愈甚。

6.引起焦虑症原因也表现在神经质人格。这类人的心理素质较低，对任何刺激均敏感，一触即发，对刺激作出不适应的过强反应。承受挫折的能力太低，自我防御本能过强，甚至无病呻吟，杞人忧天，整日提心吊胆，脸红紧张、疑神疑鬼。如此心态，怎能不焦虑？

7.对一些人而言，长期使用某些药物（如高血压、治疗关节炎或帕金森症）会造成焦虑症状，这也是引起焦虑症的原因。

焦虑的人们应该意识到，这些与我们生活密切相关的事情并不会因为我们的焦虑而有任何改变。与其焦急无用，不如坦然面对。所以，别为自己设置太多精神枷锁，别让自己过得太累，别把生命之弦拉得太紧，适当地休息，释放压力。我们既然不能改变天空的晴朗和阴雨，就让我们改变自己的心情吧！

2.个案报告

➲ 我想有个家

小展在哈尔滨工作已经 6 个年头了,去年刚刚租房结婚。每每与朋友谈起买房的事情,他都非常沮丧:"哥们儿工作时间不长,没有什么积蓄,爹妈也帮不上啥忙。现在哈尔滨随便一问,哪个房子不在 8000 元左右?我实在是心有余而力不足啊。"小李说:"我的工资还不算太低,但如果要买房,我不喝酒、不抽烟、不娱乐,一个月工资还不够买 1 平方米的房子,即便是银行按揭也难以偿还。"在自己打拼的城市中拥有一个属于自己的家是小展一直以来的期望,然而楼市的现实却让他为了买房经常失眠,经常心烦意乱,连以前最喜欢的 NBA 也懒得去看了。

小展为买不起房而发愁,小胡却为买不到房而焦虑。

在房产中介内,小胡正在捶胸顿足:"又错过了!又错过了!"他情绪激动,就像自己犯了什么不可饶恕的错误一样。原来,小胡看中的那套位于市中心的二手房,房价已经涨到了 9000 元 / 平方米,而在年初的时候,他与房主谈好的价格是 7500 元,后来觉得房价可能会跌主动撤单了,真是连肠子都悔青了!

这边小胡为买不着房子而着急，这边徐女士却为还贷而焦虑。

徐女士去年买了一套两居室，5000元/平方米，共花了40余万元，因为手头钱不够，她选择了银行按揭，现在每个月要还3000元。银行一次又一次加息让她焦虑不安："万一以后房价跌下来或者我被公司辞退的话，那我就惨了！"徐女士说，为了还房贷，她和老公勒紧了腰带生活，直到现在还不敢生孩子。她觉得买房以后自己就像变了一个人似的，经常失眠，头疼，做什么都提不起兴致。

在国人的观念里，"衣食住行"是人生的头等大事，近年来，随着房价的上涨，随着婚姻与房子的挂钩，房子问题显然已经成为工薪阶层最为关心的事情。房价涨跌，让购房者焦虑不已，情绪百变：有人为错过一套好房子捶胸顿足，有人为抄到笋盘喜不自禁；有人为买不起房长吁短叹，有人又在买房后因供房愁眉苦脸；有人在买房后因房价上涨喜上眉梢；有人又因房价下跌后悔不已……楼市的每一点变化都牵动着千千万万人的心理变化，久而久之便成了"心病"，令人焦虑不安。

然而，房子再令人挠头，生活还得继续，假如因为房子问题把自己的生活搞得一团糟，甚至连人性都扭曲了，岂不是本末倒置？无论如何，如今的时代，毕竟还没有到不买房就没法活的地步，这个时候，或许更需要人们的理性判断和抉择。

针对现代人的"购房焦虑症"，心理学家指出，最好的调节方法就是"看脚下，少望天"，踏踏实实地把当下的事情做好，对于不能预测的未来，最好就放下不想。这并不是逃避现实，而是不给自己寻找多余的烦恼和压力。比如，没买房的努力工作、存存钱，一步一步来，别去和周围的人攀比；买了房的也别因为房价的涨跌而忽喜忽悲，毕竟对于大多数人来说，房子就是用来居住的；需要还贷的，按照原计划，一个月一个月慢慢还，总而言之，别因为房子问题而打乱了生活。

⊃ 我为儿狂

壮壮 2 岁的时候：

壮壮不吃饭，妈妈急，担心宝宝饿坏了；壮壮吃得少了，妈妈也急，担心壮壮长不高。

壮壮流鼻涕，晚上睡觉鼻吸声大一点，妈妈就很紧张，担心壮壮发展成鼻炎。

壮壮咳一声，妈妈的心抽一下——该不会是肺炎吧？

壮壮生病吃药，妈妈担心药吃多了对壮壮不好，可是不吃又担心病期拖得更久。

壮壮睡晚了，起早了，妈妈也担心，担心壮壮睡眠不足。

天气热了，开空调吹电扇妈妈怕把壮壮吹坏，不开又怕把壮壮捂出痱子。

壮壮妈几乎把市里所有的大型亲子机构试听了一遍，为壮壮选择了一家较为满意的。过了一个月，又增加了音乐课和绘画创意课。

壮壮 5 岁的时候：

壮壮妈在育儿群里和妈妈们互相交换购书信息。壮壮妈下了一单又一单，感叹着："看别人给孩子买书，就怕壮壮的书少，又买了好几百元的书，不买就觉得亏欠孩子似的。"

壮壮性格有点内向，壮壮妈很是焦虑："壮壮在家可活泼了，可一出去就蔫蔫的。别的小朋友拿他的玩具，他也不争不抢。人家推他，他也不知道保护自己。我发愁，上了幼儿园，没有大人在身边，受欺负可怎么办？"壮壮妈辞职在家，全部时间都给了孩子，"我全身心付出，甚至没有了自我，可孩子还不如别人家孩子活泼，我的挫败感特别严重。"

最近，壮壮妈又开始焦虑上学的事情了，该选哪一所学校呢？哪儿的老师更优秀呢？进不去好的学校该怎么办？壮壮妈很心焦，"现在基本不操心吃喝拉撒，又开始考虑教育。我觉得可累了。"

壮壮打乒乓球、羽毛球，一下打不着，两下打不着，第三下，妈妈就紧张，因为知道壮壮要是第三下再打不着，肯定会气得坐在地上大哭！

壮壮妈一个人的时候时常发呆，满脑子都是怎样把儿子教育得更出色。壮壮妈是多么希望能把儿子教养得完美无瑕！

看来，壮壮妈是患上"养儿焦虑症"了！

若要在全球范围内评选"最无私、最负责任"的家长，中国的爸爸妈妈们肯定名列前茅。正所谓"关心则乱"，原本作为父母骄傲的孩子，如今却成了父母心中焦虑的重要来源。或许有人要说："做父母的哪个没焦虑过呢？"的确是这样，但是不要让它成为自己的一种情结，不要觉得自己不如别的父母，觉得亏欠孩子。父母们有千差万别，只要真心真意地爱孩子，大家都一样。

事实上，爸爸妈妈太紧张，孩子也会受影响。即使家长认为自己在孩子面前一直克制着自己的焦虑，但实际上不良的情绪还是会在第一时间传递给孩子。为了孩子，也为了自己，家长们必须要克服焦虑，顺其自然。其实在孩子的成长过程中，家长最忌功利心。

⊃ 就业难，难于上青天

　　小杜因为没有考上理想的大学，高中毕业以后只身来到北京打拼，在中关村做起了电脑销售员。暑假期间，大批应届毕业生进入电脑城，他们的工资要求比小杜还低，而且业务水平也不弱，欠缺的只是一点经验而已。老板便找了个理由，让小杜"卷了铺盖"。随后的两个月，小杜一直为找工作而奔波，然而，不是用人单位嫌弃他的学历，就是小杜觉得待遇太差，两个月下来，小杜依然没有找到一份理想的工作。就这样，他除了找工作整天无所事事。再后来，小杜干脆窝在了网吧里，情绪越来越糟糕，经常对身边的朋友使脸色、发脾气。

　　无独有偶，北京姑娘晓燕也出现了类似情况。职高毕业以后，在两年间，她换了12份工作，最长的也不过干了三个月，最短的还不到一周，目前仍处于求职状态。如果有人问她原因，她就会扳着手指数落以往老板的"罪状"：工作累，要出差；工资给得太低了；公司食堂饭菜差，同事不好相处……用晓燕朋友的话来说，她找份工作简直比找对象都挑剔。

　　小杜和晓燕姑娘身上出现的情况，其实就是人们常说的"就业焦虑症"。据教育部发布的消息称，我国每年大约都会有近百万的应届毕业生无法在当年找到工作，这既与大环境有关，也存在当事者本身的原因。

　　在很多毕业生看来，书中自有千钟粟，十几年寒窗苦读，换来的就应该是每月万八千的薪水待遇。很多人找不到工作或是连续跳槽，就是因为嫌弃薪水太低。用他们的话来说："我堂堂的一个大学生（硕士、博士），怎么能这么低就？蹴而与之可不羞？"而在用人单位看来，这些人没有丰富的业界经验，还需要公司手把手培养，培养起来说不准又要跳槽，所以在没有做出业绩之前，根本无法给高薪。于是在"各不相让"的情况下，这些人索性就将"寻找高薪进行到底"，结果直到现在还赋闲在家。烦躁、郁闷、不甘每天骚扰着他们，让他们越发地不自信起来，以至于开始担心：自己是不是就永远找不到一份工作了？

还有一部分人就如上文中的晓燕姑娘一样，是大都市的坐地户，一些人本身学历不高，但对工作的期望值却很高，对工作有明确的要求：诸如月薪多少多少以上、坐办公室、不上夜班、最好不要加班、不可以出差，等等，不符合条件的不去，宁愿在家闲着。事实上，这种心理其实也是就业焦虑症的一种，从内心来说他们害怕竞争，也害怕找个不如别人的工作比较丢脸，在家待着最起码表明是自己看不上那些工作，而不是找不着"好工作"。

其实，大环境如此，适度的担心也无可厚非，有所追求也不算错，但起码应该对现状有个正确的认知，把握一个尺度。客观地说，现代人的就业压力的确要比父辈们大很多，竞争更是非常激烈，这就更要求人们调整好自己的心态了，别为工作而过分焦虑，要紧的是把当下的事情做好。

现在的社会与以往不同，绝大多数工作都不是铁饭碗，这就意味着，工作之后，有了合适的机会随时可以换，何必非要一步到位呢？谁也不知道以后会怎样，或者你能在以后找到薪水高、待遇好的工作，但在这之前的时间里，就算每个月挣得少一些，也比坐吃山空好。这样，一方面有了经验资本，一方面又可以让自己的生活充实一些，避免焦虑情绪的出现，何乐而不为？

⊃ 狂想嫁与狂想娶

在某国企工作的孙小姐人长得漂亮，工资也高，却一直都没有交到合意的男朋友。一谈到感情问题她就愁眉不展，她说："前不久刚刚过完 30 岁的生日，猛然发现自己真是'剩女'了。看看我身边的朋友和同事，90 后的小妹妹都开始谈婚论嫁了，而我还是孤家寡人。"

孙小姐日常工作繁忙，按理说应该是非常期盼周末到来的，可是她的周末却是灰色的。"一到周末，我却只能蒙头大睡，或是在家里看书听歌。因为我是外地人，在北京这边没有亲人，同事、朋友一到周末都成双结对地出去玩了，就我孤零零的一个人。一想到这儿，我连跳楼的心都有了。

"去年国庆节，我没敢回家。因为一回家，父母亲戚肯定又要为我张罗相亲。起初，我的积极性也挺高。看着身边的女友都找到了爱人，说实话我也有点着急。为了赶上相亲时间，我总是提前打理公司业务，甚至提前回老家。但是，每次相亲回来，我都只是一种如释重负的感觉。我不喜欢这样的方式——两个陌生人一见面就像做买卖似的从父母、房子、车子、票子开始谈婚论嫁。后来，我再也没有兴趣相亲了，干脆以公司业务忙为由搪塞过去。这让爸妈更加着急，打电话，发短信，真的令我挺心烦的，所以去年国庆节索性不回家了。不过说实话，这个长假过得非常凄凉。后来我实在熬不住了，打电话给朋友，哭着说，出来陪我喝酒吧！

"我真的不想再一个人吃饭，一个人逛街，一个人看电影，一个人旅游，一个人发呆，真想找个好男人谈恋爱啊！"孙小姐心酸地表示。

为感情问题而发愁的岂止是女性，大龄男性也不例外。

小宋与初恋女友分手以后便开始埋头打拼，待到事业小有所成以后才发现，自己的年龄已然不小了。经人介绍，他曾相过几次亲，但结果总是不能令人满意——喜欢他的他不喜欢，他喜欢的人家又不来电。现在在小宋心里，找个好女人结婚的愿望越来越迫切，然而心急又有什么用？夜深人静之时，想起与前女友当初的片段，感慨周围男女成双结对的情形，小宋总是十分痛苦，辗转难眠。时间长了，他就表现出神经衰弱，没有食欲、头痛、精神恍惚等症状，导致无法进行正常工作。

近年来，社会上出现了越来越多的有着高学历、高收入、高职务但在感情上找不到理想归宿的大龄青年，即"剩男剩女"。随着"90后"逐渐进入适婚年龄，"80后"的"剩男剩女"成了一个社会问题，这种现象使越来越多的人对结婚产生一种焦虑症，那些本应是快乐团圆的节日也逐渐成了这些单身者的一种负担。据《2013中国人婚恋状况调查报告》显示，有八成25～40岁的单身男女"不快乐"。

单身者们虽然自诩为"贵族"，其实大多数人心中都承受着较大的压力，这些压力可能来自父母，也可能来自身边的同事、朋友，亦有一部分是来自他们自己。从心理学上说，相比夫妻或者恋人，单身男女在情感倾诉与释放压力上更加困难，而且也会随着单身时间的延长而受到越来越大的婚姻压力，因此，"剩男剩女"比较容易产生孤单、寂寞、冷淡、焦虑、压抑等负面情绪。

长期独居的生活，还会让他们的社交能力逐渐退化，性情变得孤僻，更重要的是，缺少伴侣的生活，会让人的幸福感打折，这是事业的成功、朋友的关怀所无法替代的。从生理上说，单身过久的男女也容易受到疾病侵袭。

其实，单身男女们最该做好的就是心理调节，以一个正确的态度去看待自己的情感问题。认识到自身存在的问题，问一问自己究竟要什么。再者，可怜天下父母心，父母着急催促也实属自然，此时需要单身男女通过成熟而有效的沟通，或让亲友了解自己正在努力追求幸福，或让他们了解自己的恋爱观，接受自己的现状，理性地面对问题。其实正确的态度是广泛参与社交活动，寻求父母亲朋的帮助和支持。

事实上，只要你还笃信爱情，只要你不太苛求挑拣，摆正心态，正确面对生活，与你匹配的他（她）出现是迟早的事。说不定下一秒，你就在街头拐角处与他（她）相遇。找另一半是为自己找的，不是为父母亲朋，不是为了活给别人看。只要调整心态，终有一天，他（她）会向你走来。

3.综合诊疗

➲ 焦虑症的自我评估

显而易见，焦虑症对现代人的心理危害非常大，所以做好预防是关键。以下是一套简单实用的焦虑症心理测试题目，帮助大家大致地评估情绪状况，判断焦虑倾向是否出现，同时它也能够为大家的焦虑症预防带来帮助。

这一焦虑症心理测试采用的是4级评分，主要评出所定义的症状出现的频度："A"为没有或很少时间，"B"为小部分时间，"C"为相当多时间，"D"为绝大部分时间。选项中的分值就是该选项所得的分值。

该焦虑症心理测试的评分必须根据最近一周的实情，在适当的选项上画"√"。但注意不要错过任何一个题，也不要在同一题里打两个"√"。

1. 我总是觉得容易紧张和着急。

  A 1分　　　B 2分　　　C 3分　　　D 4分

2. 我无故觉得害怕。

  A 1分　　　B 2分　　　C 3分　　　D 4分

3. 我老是心里烦乱或觉得惊恐。

  A 1分　　　B 2分　　　C 3分　　　D 4分

4. 我认为一切都很好，不会发生什么不幸。

  A 1分　　　B 2分　　　C 3分　　　D 4分

5. 我认为一切都很好，不会发生什么不幸。

  A 4分　　　B 3分　　　C 2分　　　D 1分

6. 我手脚经常发抖打战。

  A 1分　　　B 2分　　　C 3分　　　D 4分

7. 我因为头痛、头颈痛和背痛而苦恼。

  A 1分　　　B 2分　　　C 3分　　　D 4分

8. 我容易衰弱和疲乏。

  A 1分　　　B 2分　　　C 3分　　　D 4分

9. 我觉得心平气和，并且极易安静坐着。

    A 4分   B 3分   C 2分   D 1分

10. 我觉得心跳得快。

    A 1分   B 2分   C 3分   D 4分

11. 我因为头晕而苦恼。

    A 1分   B 2分   C 3分   D 4分

12. 我有过晕倒发作或觉得要晕倒似的。

    A 1分   B 2分   C 3分   D 4分

13. 我呼气和吸气都感到很顺畅。

    A 4分   B 3分   C 2分   D 1分

14. 我手脚麻木和刺痛。

    A 1分   B 2分   C 3分   D 4分

15. 我因为胃痛和消化不良而苦恼。

    A 1分   B 2分   C 3分   D 4分

16. 我经常要小便。

    A 1分   B 2分   C 3分   D 4分

17. 我的手经常是干燥温暖的。

  A 4 分   B 3 分   C 2 分   D 1 分

18. 我脸红发热。

  A 1 分   B 2 分   C 3 分   D 4 分

19. 我会很快入睡且睡得很好。

  A 4 分   B 3 分   C 2 分   D 1 分

20. 我总是做噩梦。

  A 1 分   B 2 分   C 3 分   D 4 分

  焦虑症心理测试题评断标准：根据你所填的答案，算出总分，再乘以 1.25，得出你的分数：

50～59 分轻度焦虑

60～69 分中度焦虑

69 分以上重度焦虑

  在完成了心理测试后，相信大家对自己的心理状况都有了一定的了解。如果通过以上的简单判断，您的分值偏高，就需要自我反省了，或者到专业的心理医生那里咨询一下，看看自己是否需要接受治疗。

⮕ 焦虑症的自我调节

节奏快是都市生活的一个典型特征，在这快节奏的环境里，人们往往会不知不觉地忘记放慢脚步，舒缓心理上的各种不协调，这样的生活方式是很容易患上焦虑症的。并且也有相关的调查数据显示，都市男女患上焦虑症的概率真的非常高。所以，都市男女要对焦虑症提高警惕度了，不能让它毁灭你的生活。下面就来说说怎样避开焦虑症。

1. 增加自信

自信是治疗预防各种精神疾病的最好药方，自信的人不担心发生过的或没发生的事情，他们能坦然地接受挫折。不怕困扰，会很快地恢复正常。所以要让自己自信起来，焦虑症便会自退。

2. 不再逃避

有些事是逃避不了的，反而闷在心里得不到释放，更会让心里焦虑急躁不安。所以遇到困难都要勇敢地去解决它，追求心理的自由、安全，不受到责任的困扰，消除焦虑的情绪。

3. 不要自责

焦虑情绪往往是对事情没有完美解决而感到不满焦虑自责，对自己产生压抑的情感。这样对身心的发展也产生威胁的作用。我们要学会自我反省，让自己心里舒适一些。每做一件事情时，为了不让自己自责便要努力地去完成，并且完成后就不要再自责了。

4. 留出空白

利用一小段的时间留下空白，发下呆，研究发现，发呆可以让大脑迅速地得到休息，对预防神经衰弱起到很好的作用，所以一定要留出空白让大脑休息。

5. 展开想象

主动去想象一些宁静、放松的景象。这些景象可以是真有其地，在那里你觉得安全和松弛，也可以是你想象出来的宁静、安全和放松的景象。比如，你想象自己走在两旁都是树的山路上，可以把注意力放在鸟儿歌唱上，阳光从树枝间照下来，松树的香味，浓绿的树林，阵阵的微风轻拂在你的脸上。

6. 转移注意力

当你感到焦虑时，分散注意力会有所帮助。当你专心于其他的思维活动时，会减轻或消除你的焦虑状。假使眼前的工作让你心烦紧张，你可以暂时转移注意力，把视线转向窗外，使眼睛及身体其他部位适时地获得松弛，从而暂时缓解眼前的压力。你甚至可以起身走动，暂时避开低潮的工作气氛。

7. 做深呼吸

当你面临情绪紧张时，不妨作深呼吸，有助于疏解压力、消除焦虑与紧张。

8. 守住自我

在焦虑弥漫的今天，不少人盲从潮流、迷失自我，任物质欲望挤压精神空间，正或多或少地做着"杞人忧天"的事。在上海市健康大讲堂暨第九届解放健康讲坛上，华东师范大学心理学系博导、上海市心理协会副理事长、教育部应急管理咨询专家委员会委员耿文秀教授表示，焦虑是可以战胜的，追求健康快乐的权利掌握在每个个体手中，而守住自我、拒绝诱惑是抵御焦虑的良方。

最后，克服焦虑症最有效的方法，关键在于自我的坚持与努力。焦虑症是一种心理疾病，想治愈，需从根本上解开患者的心病，还需长期维持自我调节。

⊃ 饮食保健

1. 补充营养素

（1）维生素 B 群

维生素 B 群对神经系统的运作相当重要。注射维生素 B 液可改善大脑功能、减轻焦虑、保护免疫系统。

（2）钙及镁

服用钳合剂或乳酸钙。若对牛奶过敏，勿使用乳酸钙。

（3）L－酪胺酸

它能舒解紧张，帮助睡眠。

（4）维生素 C 含生物类黄酮

紧张会消耗肾上腺荷尔蒙（抗紧张）。维生素 C 是肾上腺功能必需的。

（5）综合维生素及矿物质（含维生素 A 及钾）

它是处于紧张状况时所必需的。钾则是肾上腺功能所需的。也可以服用海带锭，它含有均衡维生素及矿物质。

（6）Y－氨基丁酸加肌醇

它是一种有效的镇定剂。

（7）L－酪胺酸和维生素 C 及葡萄糖酸锌

抵抗感冒，感冒经常是紧张焦虑的最初症状。服用它可减轻紧张。

（8）卵磷脂

保护神经纤维、细胞及大脑功能。

2. 饮食宜忌

焦虑症的饮食调节相当重要，应避免可乐、油炸食物、垃圾食品、糖、白麦粉制品、洋芋片等易刺激身体的食品。避免咖啡因、番烟、酒精、药物。

酒精、药物可能提供暂时的解脱，但隔天紧张又来袭，而且这些物质本身也危害健康。因此，应该学习如何调适，而不是光靠逃避。

（仅供参考，具体请询问医生）

四、怒发冲冠为哪般

1.暴躁症之谜

➲ 你就像那一把火

近年来，由于小摩擦而引发的恶劣事件屡见报端，人们的脾气似乎变得原来越差。生活中，很多人稍不顺心就横眉冷对，有时一言不合便拳脚相加，亲戚邻里之间不能和谐相处，同事朋友之间动不动就红脸，恋人爱人之间亦是战火不断。有人说，这是因为有些人好面子，骨子里就不知道在冲突时如何采用和平的、礼貌的、绅士的、善意的方式进行沟通。这话有一定的道理，但不可忽略的是，随着生存压力的不断增大，一种常被人们忽视的人格障碍——暴躁症正在不断加重它对都市人生活的影响。

暴躁症，其典型特点就是脾气暴躁，压不住火，一受到不利于己的刺激就暴跳如雷。程度较轻者尚可自我控制，譬如有的暴躁之人，他们在单位尚能够克制自己的委屈和愤怒，表现良好，只有回到家中才会将压抑的情绪释放出来，拍桌子、砸椅子甚至实施家庭暴力。而有一些则不然，暴躁到了一定程度，可以说沾火就着，激动、愤怒、与人争吵，本人根本无法控制，常给人一种惹不得的感觉；再重一点，则会表现为伴有冲动行为的情绪爆发，来势凶猛而残暴，可伤人、毁物、纵火，造成妨害公共秩序、伤害他人健康等后果。

然而，由于这种人格缺陷带有一定的隐蔽性，甚至在特定的情境下还会被人们称赞（譬如我们熟知的水浒人物花和尚鲁智深，这个人就是典型的暴躁症，他冲动起来根本不计后果，完全没有理性可言，他的暴躁大多被"行侠仗义"的幌子所掩盖了），所以多数时候，当事者及其身边的人往往难以察觉，只以为是"火气大、脾气急"，正是这种错误的认知，将少数当事者推入了深渊。

脾气暴躁接踵而来的就是抑郁症，所以不要小看它的危害，除了会导致抑郁症发作之外，还会严重影响人的七情六欲，最终脾气暴躁的人会变得不可理喻。

脾气暴躁对于人的身体影响也是非常大的。丹麦哥本哈根大学的科学家调查了近万名36～52岁的参与者的社会关系状况和早死风险，其中包括他们与家人、朋友等发生争吵的频率，以及在社会关系中感受到的压力程度等。结果发现，11年后，共有196名女性和226名男性死亡，死因主要是癌症、心脏病、肝病及自杀等。社会关系紧张或者常与配偶、子女吵架，会使死亡风险增加0.5～1倍；常与他人发生争吵则会增加2～3倍。男性在这方面更为脆弱。

不过，暴躁症也不会无缘无故地侵袭，除遗传因素外，暴躁的原因与自身性格、工作生活方式及压力的宣泄途径有很大的关系。所以说，现代都市人应该学会调节自己的情绪，合理缓解自己的压力，尽量让身心松弛下来，想发火之前不妨赶紧在脑海里警告自己，或者数三个数再做决定，防止更严重的心理疾病造成更严重的后果。必要时请寻求心理医生的帮助。

⊃ 病因分析

英国生物学家达尔文曾说："人要发脾气就等于在人类进步的阶梯上倒退了一步。"这话未免有点过头，但怒火的确容易使人失去理智，有时甚至会使亲朋成为冤家对头，给人生留下许多遗憾。其实，暴躁的害处人人知道，但很多人就是无法控制，它形成的原因究竟是什么呢？

1. 家庭影响

暴躁这种不良个性的形成，与遗传素质有一定的联系。一些脾气暴躁的人，其家庭中常有类似成员，受长辈的影响和神经类型的遗传，他们也变得暴躁易怒。

此外，家庭教育中的放纵、溺爱也是暴躁脾气铸成个性缺陷的重要原因。

2. 挫折影响

挫折也是引起脾气暴躁的原因之一。受到挫折的人往往想要发泄，因此稍受刺激便借机发泄。

3. 压抑的敌意

压抑的敌意也是脾气暴躁的原因之一。例如有些人对上司有意见，但他无法对上司发泄，这种怨气长期被压抑，于是他就会借一件件小事发怒，以发泄心中的积怨。不论谁惹了他，他都会与之作对，并大发脾气。

4. 心胸狭窄

有些人喜欢斤斤计较，别人稍微触犯了他，如无意中踩了他的脚，或不慎把脏水弄到他身上，他就不肯原谅，要大发脾气，甚至大骂一通。有的则对别人过于苛求，没有达到自己的目的，就要发火。

5. 虚荣心强

有些人常以"强者"自居，在生活中处处要设法维护自己的尊严和权威，一旦有谁冒犯了他，伤了他的面子，就会大动肝火，发起脾气来。

6. 急功近利

现代社会，很多人急功近利地追求物质，得失心变重，在心里郁积着一些消极情绪。在生活中，很多人不是感恩地向下比我得到什么，而是不断地向上比我缺少什么，这种不公正感和不公平感越重，就越容易被激怒。

7. 自我意识的膨胀

现代人的人生观和价值观都发生了很大改变，过去是权威的时代，现在是挑战权威、强调自我的时代。人们自我意识增强甚至膨胀的结果，就是凡事从自己出发，不站在他人的角度，忽视了群体的规范。过去人们对秩序的遵守意识正逐渐丧失，取而代之的是想要挣脱群体的约束。

8. 高压影响

现代人处在激烈的竞争环境，在"高压锅"中生活，难免就跟"火药桶"一样一点就着。生活节奏的加快，工作压力的加剧，破坏了人们的好心情。因为一个小摩擦就引起内心压力的爆发，是现在社会人存在的普遍问题。

9. 性格变异

一些老年人会经常性地发脾气，这实际上是心理衰老、性格变异的反映。这些老年人进入老年期后，社交能力逐渐减弱，自我封闭性增强，遇事固执过敏，急躁易怒，情绪波动大。

10. 疾病征兆

有些人脾气暴躁，可能与身患某种疾病有关。如肝病患者，虚火亢盛，心情烦躁，平时容易发脾气。

2.个案报告

⮑ 电脑前的愤怒

河南女孩晓琳在北京某公司做文案，工作离不开电脑。她这个人也没什么别的爱好，下班以后依旧是在网上看电影、聊天，同事、朋友都开玩笑说电脑就是她的"另一半"。可是前不久，晓琳却对她心爱的"另一半"莫名其妙地大动肝火，甚至破口大骂，将鼠标与键盘摔得乒乓作响。一向客客气气的她竟然还把气发泄到了同事身上。

"我就是控制不住自己，那段时间看到电脑就烦，也不想上班，肚子里火气很大，甚至看见电脑就想砸，幸亏当时同事制止，不然我们办公室的其他几台电脑也都让我砸烂了……"晓琳对自己的行为特别后悔，她也不知道自己为何会变成这样。

事实上，晓琳这是患上了"电脑狂暴症"。

什么是电脑狂暴症？所谓"电脑狂暴症"，病因一般来自电脑出现故障后产生的沮丧和焦躁，症状则主要表现为向电脑发泄无名怒火或将不满转嫁给同事，甚至其他不相关的人。

国内某心理医疗机构曾对1500名白领进行调查，调查对象的工作都以和电脑打交道为主。调查报告显示，"电脑狂暴症"在办公室中已相当普遍。因为有4/5的调查对象表示，他们在日常工作中都发现过同事有向电脑发泄暴力的倾向。另有一半以上的人承认，在电脑出现故障时，他们会感到紧张、焦虑，烦躁不已。调查还发现，年轻人更容易产生毁坏电脑的倾向。在25岁以下的调查对象中，1/4承认曾经对电脑"动粗"，约有1/6表示他们曾因电脑故障而想向同事或办公家具发火。"电脑狂暴症"患者在沮丧焦躁情况下采取的举动不一样，有的会愤而拔掉电源插头，有的一怒之下甚至将键盘扔出窗外。

那么，为什么会出现这种情况呢？

现代都市人的生活压力大，工作节奏快，而电脑工作时发出的微波对人体也有一定影响。如果较长时间处于这一环境，就容易引起中枢神经失调。而长期只与电脑交流，思维定式错位容易造成心理失衡，丧失自信，从而加重内心的紧张、烦躁和焦虑，最终导致身心疲惫不堪。换而言之，人失去了对电脑的主宰能力而相反被电脑所控制，这是导致"电脑狂暴症"所表现出来的焦虑和沮丧的深层心理病因。由调查结果来看，"电脑狂暴症"对于都市人家庭和工作所造成的不良影响已经到了不容忽视的程度。

要防止和减轻"电脑狂暴症"，都市上班族首先就要做好自我心理调整，纠正思维定式的错位，并在此基础上协调好人际关系，积极营造一个和谐、宽松的工作环境。

其次，应加强自我保健意识，采取必要的预防措施。譬如，在工作间隙注意适当的休息，平日里加强体育锻炼，多吃富含维生素和蛋白质的食物，等等。

最后，定期进行身体检查和自我心理测定。一旦发现生理、心理上的非正常状态，可在一段时间内适当调整工作，使症状得到缓解。

❖ 情绪中暑的开车族

《楚天都市报》曾报道了这样一则新闻：

2014年3月23日晚6时30分许，荆州市110接到报警："我在汉宜高速潜江段后湖收费站附近遭到一辆大货车上的人开枪射击，后挡风玻璃被击碎。"

有枪？警情重大，荆州警方立即调动巡警、特警，并通报省高速公路警察总队荆州大队。高警荆州大队立即指令巡逻车搜索，大队长蔡琴山等人率备勤民警赶往增援。

民警与报警司机保持通话，接警约10分钟后，第一辆巡逻车追上报警的山东籍货车。继续追赶，很快在汉宜高速丫角收费站附近发现了嫌疑车，这是一辆悬挂四川号牌的半挂大货车，正在疾驰。

巡逻警车关闭警灯暗中尾随，立即向各方通报警情。晚6时45分，在丫角出口，两辆涉事货车先后被警方截停。大批警力随后赶到，控制了车内人员。

民警将两车带离高速公路进行调查发现，山东籍货车驾驶室的后窗玻璃被击破，玻璃四周的金属板上还有多处圆形凹痕，驾驶室内有多颗钢珠。

警方仔细搜查四川籍大货车，没有发现钢珠枪，但找到了一把弹弓和一些钢珠。经测量，钢珠的直径为0.95厘米。

山东籍半挂车上有司机刘某和乘车人潘某两人，四川籍货车上也是两人——司机焦某和乘车人李某。警方对4人分别进行盘问，很快查明事情经过。

原来，当天下午5时许，两车行驶至汉宜高速荆州段，当四川货车准备从快车道超过山东货车时，由于前方慢车道有一处施工围挡，山东货车紧急向左打方向，却没有提前打左转向灯。

四川货车司机焦某不得不紧急刹车避让，心中升起一股怒火，加速追上了山东货车，超车后报复性地向右甩了一"盘子"。山东货车司机刘某紧急避让，左后视镜还是被刮掉。眼看对方并无歉意而是扬长而去，刘某加速欲反超，不料，对方左右摇摆，始终挡在车前。

刘某被激怒了，找准一个机会，他从右侧应急车道强行超车。两车再次并行，刘某示意对方停车，赔偿自己的后视镜，焦某毫不理会。

刘某急踩油门超车，故意挡住四川货车。随后，两车高速行驶中逼抢追逐，两货车上的驾驶人、乘车人都争红了脸。由于被山东货车长时间压制，四川货车上的副驾驶李某掏出随车携带的弹弓、钢珠，在接近前车时，上身探出窗外，连续发射20多颗钢珠，打破了山东货车的后挡风玻璃。山东货车司机刘某误以为遭到钢珠枪枪击。

也许有人要说，这两个开车的司机素质太差，但事实上这是一种心理障碍，即"路怒症"，坊间则称其为"带着愤怒去开车"，包括粗鄙的手势、言语侮辱、故意用不安全或威胁安全的方式驾驶车辆，或实施威胁，等等。这种怒火会突然爆发，开始骂人、动粗，猛烈程度往往让人意外，甚至毁损他人财物。许多"路怒症"还伴有其他情绪失常，比如情绪低落、工作积极性不高，甚至患上食欲不振、失眠等，在医学上被归类为"阵发型暴怒障碍"。

可以理解的是，驾驶是一项重复、枯燥且风险高的事情，尤其是长时间的驾驶更是会令司机的情绪一直处于紧张、压抑状态，所以一旦遇到应激情况，情绪难免爆发。然而即便如此，也应该做到"感觉怨怒而不动怒"，因为这是对于生命的爱护，这要求开车族必须做到不带愤怒上路。

其实，影响开车人心情的多半不是因为车或路本身，而是心态。车主要以平和心态上路，不要将不开心的情绪带到开车中。开车最重要的是学会自我心理调节。在狭窄的路口，大家不如都谦让些许，互相理解就能减少很多麻烦；遇到堵车或不文明的车主，要学会克制情绪，等待几秒，对方的车就会过去，糟糕的路况也会过去，愤怒情绪也就消散了。当长时间的驾驶令你感到心烦意燥时，不妨听听舒缓的音乐，嚼一粒口香糖，或是将车开到加油站休息一下，这些都能舒缓你的情绪。

总而言之，开车族必须要懂得自控，心情激动时切不要开车。如果连续两周有严重的情绪失控、失眠、食欲不振等症状，应引起足够重视，及时到医院治疗。

一个配件引发的血案

22岁的陈某与朋友在一家砖厂开车运砖。那天早晨8点多，二人开着农用车给附近一家照明企业运砖。当时，车子由于卸完砖后没有熄火，疏忽中与同来运砖的另一辆停着的农用车发生刮擦，造成对方的农用车大灯、反光镜等破裂。发生刮擦后，双方也谈妥了赔偿事宜，并让陈某载着对方的妻子去买配件。陈某驾车向城内开去，跑了两家配件店都没能买到相应的配件。在车子开向另一家汽配中心的途中，由于对方的妻子在车上一直唠叨，让陈某很是恼火，谁知这时车子又突然熄火，这无疑更加重了陈某心中的火气。他气急败坏地打开副驾驶车门，将对方妻子推出车外，塞给她30元钱，让她自己打车回去。对方妻子不依。陈某在将车子开上桥时，对方妻子一直用手攀住车门，并且大喊大叫。在下桥时，丧失理智的陈某猛踩油门，将她一下甩出车外，车后轮碾过她的身子。看到这情形，陈某自知闯祸了，开车就逃，并把车子藏了起来，然后乘车折回现场。看到地上一大摊血后，自知不妙的陈某逃往外地。

然而，天网恢恢，疏而不漏。在公安部门的大力侦破下，不几日陈某便落入法网，等待他的将是法律严厉的制裁。

只是为了生活中微乎其微的小事，一个生命就这样魂游天国，一个大好青年就这样身陷囹圄，等待陈某的不仅仅是法律的制裁，或许更多的会是良心的谴责。其实，如果双方当时都能对自己的情绪稍加控制，这起命案应该是不会发生的。

其实，生活中像陈某这样爱冲动的人并不少。这些人只要情绪一来，就什么都不顾，什么话难听说什么，什么事气人做什么，甚至不惜触犯法律，这是因为人的"情绪化"在作怪。

理论上说，人的行为应该是有目的、有计划、有意识的，这是人与动物的本质区别之一，但是，人的情绪化却能将这些全部颠覆，使人完全"跟着情绪走"。一遇到什么不顺心的事，情绪就像一个打足了气的球一样，立即爆发出来；一旦自己的心理欲求无法满足，就会异常地愤怒。情绪化严重的人给人的感觉就是喜怒无常。

像陈某这样的人，应该学会正确地认知、对待社会上存在的各种矛盾。有很多情绪化行为都是由不会认知、不善处理人际矛盾引起的，所以一定要学会认识问题的方法，不能走极端，这样只能增加自己的暴戾情绪，使事情朝着更坏的方向发展；要学会全面观察问题，多看主流，多看光明面，多看积极的一面，从多个角度、多种观点进行多方面的观察，并能深入到现实中去；另一方面，要学会正确释放、宣泄自己的消极情绪，别让自己成为"高压锅"。

3.综合诊疗

➲ 暴躁症的自我评估

暴躁症发作期，以情绪高涨为主，病情轻者社会功能无损害或仅有轻度损害，严重者可出现幻觉、妄想等精神病性症状。如果持续一个星期或以上几乎每天都出现以下三个或更多症状，那么你可能正处于暴躁症的发作阶段：

1. 过于兴奋、充满希望以及激动；
2. 从兴奋突然变得烦躁、愤怒以及充满敌意；
3. 躁动、活力增加以及睡眠需求减少，即使休息的很少仍有很大的精力；

4. 精力充沛、不感疲乏，活动增多，难以安静，或不断改变计划和活动；

5. 说话说得很快，爱说话，甚至说得口干舌燥，声音沙哑，还是不停地高谈阔论；

6. 注意力不集中或随境转移，做事有头无尾，一会儿要去办公司，一会儿去开工厂，一会儿要做大生意；

7. 竞赛性想法比较强烈；

8. 有很高的性动力；

9. 倾向于展现出差的判断力，比如决定辞掉某个工作；

10. 自我评价明显过高或夸大，认为自己有非凡的能力和超常的精力，可以成就一番大事业；

11. 持续增多的鲁莽行为（比如，奢侈的无节制花费、冲动的性举动、滥用酒精或药物或不动脑筋的商业决定）。

此外，我们还可以通过这样一个测试，来评估自己的暴躁程度：

测试题目

清晨醒来，什么样的气味会让你觉得精神百倍呢？
【A】浓浓的咖啡香
【B】丰盛早餐的香味
【C】窗台上花草的芳香
【D】熏衣香精油的味道

测试答案

A. 浓浓的咖啡香

你很少大动肝火，在面对大多数的人、事、物时你总是和和气气的，不想破坏自己的兴致与彼此的情面。但是这并不代表你是好脾气的人，充其量只能说你的修养不错。不过，如果真的有人碰触到你的禁忌，你的怒火可会像座爆发中的火山一般地淹没周遭所有的人。

B. 丰盛早餐的香味

肝火上升与否的容忍度，端看你和对方的交情而定，如果对方是非常亲密的朋友，你会认为他应该了解你的，所以反而很容易会因为一些小事而伤和气，大动肝火；但是如果对方和你不熟，你则是睁一只眼闭一只眼，不好意思去计较太多，变成内伤。

C. 窗台上花草的芳香

你的情绪起伏蛮大的，心情绝佳的时候，若是有事烦心，你会很快让自己的情绪化解；但如果你当天心里不痛快，恐怕旁人得忍受你肝火上升时的拗脾气，当心会被你的情绪流弹波及。

D. 熏衣香精油的味道

你是个内敛的人，对于很多事情的处理方式不会太过激进，因为你了解急躁无法使窘境加速改善，因此你也不会为了点芝麻绿豆大的小事而大动肝火，可算是个蛮有修养的人。

⊃ 暴躁症的自我调节

纠正暴躁症，一方面，当事者要认清它的危害及其形成的原因，认识到这种人格障碍是可以通过自我教育得到扭转的；另一方面，要学会控制自己的情绪，尽量回避容易引起自己愤怒的情境，学会容忍，学会宽容。

1. 学会尊重

人与人之间是平等的，人格要互相尊重。芝麻小事就大发雷霆，极力彰显你的不满，这是一种侮辱他人人格的行为。一个不懂得尊重别人的人，必然也得不到别人的尊重，甚至只能得到别人的轻视。

2. 换位思考

想要发脾气时，站在对方的角度上考虑一下：他为什么会这么做呢？他是不是有什么原因或苦衷？他会不会是无意的呢？如果都够这样去思考，那么很多时候，就会发现自己根本没有理由迁怒于人，气自然而然会逐渐消退。

3. 管理情绪

易怒者往往缺乏理性的情绪控制力，因此可坚持情绪管理原则来训练、提高自己的自控能力。情绪管理原则（能力）体现在：当愤怒等负面情绪来临，不回避，能正视情绪、接受情绪；不压抑，能不带伤害地往外释放，将感觉到的怒气对事不对人；不责备，能直面和转化情绪；不抱怨，能宽容安抚情绪。

4. 放慢下来

易怒的人（尤其是 A 型性格者），首先需改变急躁、快速行事的特点，要求一切放慢下来：吃饭、语速、脚步、时间、思维、欲望……总之，想着"放慢"是你健康长寿的基础。

5. 锻炼耐力

易怒者最大的性格弱点是急，实际是缺乏延迟满足的能力，反映在凡是需要毅力或等待的事情上表现得极度没耐性，动辄脾气大发、潦草行事，所以，暴躁者首先需要培养一种对焦虑、寂寞、无奈感的耐受力。

6. 学会宽容

愤怒使人失去判断力，仇恨耗损人的心智。同理，爱使人拥有智慧，宽容使人淡定从容。

诸葛武侯说："非淡泊无以明志，非宁静不能致远"，做人最要紧的是心静。心静，则不管这个世界有多么繁芜、道路有多么曲折、车辆有多么拥挤，都能不焦、不燥、不惊、不怒。

⮕ 饮食保健

暴躁的人在饮食上也要做好调节，一般来说应多吃富含铁质的食物。有些人不爱吃肉和新鲜蔬菜，爱吃水果、糕点，这种偏食习惯造成铁摄入不足，导致情绪急躁易怒。所以，应适量食用一些含丰富铁质的动物性蛋白质食物，如瘦牛肉、猪肉、羊肉、鸡、鸭、鱼及海鲜，等等。一方面可以缓解暴躁，另一方面有助于大脑提高注意力，并保持精力充沛的状态。

此外，富含钙质的食物也应多食用一些。钙有抑制脑神经兴奋的作用，当大脑中没有充足的钙时就会情绪不安，容易激动。摄取富含钙质的食物，使人情绪容易保持稳定，同时钙质可坚固牙齿及骨骼，预防骨质疏松症。钙质食物主要来源如牛奶、骨汤、各种豆类及豆制品。

富含维生素的食物也不可缺少。研究发现，维生素摄入不足，特别是维生素B_6、维生素B_{12}缺乏，容易出现兴奋不安、头痛、脾气急躁、易激动的表现。适当在膳食中补充一定量的维生素有助于精神调节，可以选择全麦面包、麦片粥、玉米饼等谷物，橙、苹果、草莓、菠菜、生菜、西蓝花、白菜及番茄等果蔬。

含锌的食物亦要多吃。缺锌可影响人的性格行为，引起抑郁，情绪不稳。锌在动物性食品中含量丰富，且易被吸收，应适当多食。

需要注意的是，暴躁者应少吃含糖量高的食物。经常食用甜食，机体会消耗大量维生素B_1。一旦体内缺乏维生素B_1，丙酮酸、乳酸等代谢产物就会在体内蓄积，从而刺激神经，使之出现情绪不稳、爱激动、躁动等现象。

暴躁症的调节工作要从日常生活开始。通过饮食调节，可以使当事者最大限度地平复心理波动，保持良好的精神状态。但如果症状严重，则还需积极寻求治疗。

（仅供参考，具体请询问医生）

五、含忧草

1. 抑郁症之谜

⊃ 可怕的心灵杀手

20世纪50年代，一位身着白裙子的金发女郎站在地下铁通风口的镂空铁板上，一阵风吹来，她的白色大蓬裙顿时掀起一朵浪花……她的性感、神秘让无数人为之倾倒。然而这位性感女神因几度感情失利开始慢慢走向疯癫，长年累月被折磨着。最终在1962年8月5日，年仅36岁的性感女星玛丽莲·梦露在洛杉矶私人房中离开人世。

2003年4月1日，在这个戏剧性的节日里，一向十分注重形象并且患有恐高症的张国荣竟以跳楼这种极端的方式上演了这个节日里最大的戏剧，引得众生无限感慨："国荣，国荣，奈若何？"

2000年9月10日下午，歌坛新秀筠子在北京寓所上吊自杀。年仅23岁的筠子悄悄地走了，只留下那寂寞的歌声："我心里什么都没有，就像没有痛苦；这个世界什么都有就像每个人都拥有……"

这些原本风光无限的明星为何选择这样一种方式结束自己的人生？事实上他们的死都离不开三个字——"抑郁症"！

抑郁症，以情感低落、思维迟缓以及言语动作减少、迟缓为典型症状。抑郁症严重困扰患者的生活和工作，给家庭和社会带来沉重的负担，约 15% 的抑郁症患者死于自杀。世界卫生组织、世界银行和哈佛大学的一项联合研究表明，抑郁症已经成为中国疾病负担的第二大病。

由于我国普通民众对医疗知识的匮乏，很多人都认为心理上的病是小事，不愿意花时间、更不愿意花钱去治疗它，但事实上，抑郁症对于人们的生活影响非常之大。医学临床资料显示，抑郁症会导致患者身体功能、事业、智商以及家庭大受伤害。它主要表现为五个特征：呆、懒、变、忧、虑，即生活态度不积极、与人交往不积极、食欲不振、反应变慢、无乐、无助、无趣、无望，动不动就想要自杀。

现代人发生抑郁倾向的概率非常高，许多人因为追求完美、希望获得他人肯定而不断给予自己压力，加上又过度压抑情绪，焦虑指数一直也就降不下来，一旦时间久了就容易出现抑郁症。因此，适时为情绪找出口是非常重要的。

病因分析

有人说这个世界很压抑，其实是人心太焦虑。所以，我们遗憾地看到，虽然今时今日娱乐方式应有尽有，然而抑郁症患者却在不断增多；物质条件日益改善，然而轻生者却屡屡出现。这些归根结底源于人的心理问题。也就是说，目前的人们的心灵很混乱，因为混乱，所以抑郁。

抑郁的诱因主要源于三个方面：心理、社会与身体。

有些人心里装了事，懊恼苦闷却无人倾诉，或许某些欲求无法满足，又或期望过高被现实泼了冷水等，这些负面情绪就会造成心理上的负担。用通俗一点的话来说，这个人郁闷了，大家可能觉得过一阵就好了，其实不然，这个郁闷如果过了度，又没有得到及时排解，就会发展成为抑郁症。这是心理上的诱因。

社会诱因就比较多了，比较常见的诸如工作、学习压力过大，家庭生活不幸福，子女问题不好处理，人际关系不和谐，等等，也会诱使抑郁症的发生。

身体因素比较容易理解，多是因为这个人本身患有某种疾病，不可治愈或很难治愈，因而心理上有了包袱，一直无法释然。

另外，药物使用不当、滥用、酗酒，想借助某些不良习惯减缓情绪上的孤独、无助，也是加重抑郁症的恶性因素。

2.个案报告

⊃ 躺在玫瑰花中死去

A女士是个典型的江南美女，聪明、能干、事业心强，将自己的工作室经营得有声有色，与家人的关系也很融洽。可工作室做大以后，应酬多了起来，需要经常出去喝酒，有时在酒桌上还会遭遇性骚扰，这让A女士非常难过，回家向老公发泄，反而引起了老公的误会，骂她自己不检点，才会引来麻烦。

在工作与家庭都不顺心的情况下，A女士逐渐感到对生活力不从心，慢慢地脑袋也不好使了，做事也不灵光了，生意因此一落千丈。有时因为工作的原因批评了下属，回到家中却要自责很久，认为自己乱摆架子。渐渐地，老公及孩子都开始疏远她，认为她有病。

A开始失眠，每天睡觉的时间越来越少，后来发展到服用安眠药也彻夜不眠的程度。在连续两周彻夜不眠后，身体终于崩溃，不得不放弃事业，开始在家休养。

病休之初，她自以为只要好好休息，恢复睡眠即可。岂知越来越恶化，每天完全睡不着。每次都是在困倦昏沉到即将入睡之际，会突然心悸，然后惊醒。当时，她给一个朋友发短信描述说："感觉有一个士兵把守在睡眠的城门口，当睡意来临，就用长矛捅向心脏，把睡意惊走。"

在失眠的同时，身体开始出现症状。头痛、头晕、注意力无法集中，没有食欲，思维迟缓，做任何事情都犹豫不决，明显觉得自己变傻了。

再后来，她开始出现轻生的念头，并设计了多套死亡方案，譬如躺在玫瑰花中死去……

我们来给A女士支支招，她这种情况最好的疗法就是药物加认知治疗，药物可以稳定她的情绪，认知疗法可以帮助她正确地看待生活及工作中的人和事。当然，如果她的家人能够给予她更多的理解和支持，在她困惑时多多开导，效果会更好。

关于药物治疗，我们还是交给医生来做。在这里，主要讲一下冥想认知疗法。所谓冥想认知疗法，就是改变人的精神状态，以此消除抑郁的一种方式。在冥想的过程中，人的反省能力会有所增强，对事物的看法会随着冥想的深入逐渐清醒或有积极的作用。

找个静谧的所在，播放一段优雅、舒缓的轻音乐，静坐，在头脑中想象一个轻松愉快的场景。一边听着自己的呼吸，一边冥想着潮起潮落、白云悠悠：每一次呼吸，你的紧张都会随潮水退去，每一次呼吸，都是一次云卷云舒；想象海浪正随着你的呼吸韵律轻柔地拍打着海岸，你感到很轻松，仿佛白云也离自己越来越近……仿佛自己变成了一朵白云……慢慢飘起来……飘起来……你侧卧在洁白的云堆，做着一个美丽的梦，手很轻松，手飘起来了，脚很轻松，脚也飘起来了……

这种冥想可以使压抑和烦闷的情绪得到释放，有效地舒缓肌肉和神经紧张。在冥想时，要摒除杂念，使自己处于一种尽量放松的状态，它可以使抑郁造成的精力贫乏和索然无味的身心，在这段时间内重新恢复到正常状态，能够消除较轻程度的精神抑郁。

当然更重要的是，要找出自己的压力源头，学习如何处理压力、解决问题，才能避免压力如影随形，压得人喘不过气。现实生活中，抑郁症患者常为情、财、事业等问题所困，导致自杀，但无论是何种原因导致抑郁自杀，归根结底，都是人们常常不懂得适时放下，也就是遇到困境无法转换光明、正向的念头。那么很显然，遇事多向好的一方面去考虑，人的抑郁、心结自然也就解开了。

说得更直观一些，积极冥想就是要人凡事都往好处想。有一点毫无疑问，谁都不希望自己的人生在痛苦中度过，但如果脑子中装满了对这个世界的愤愤不平、装满了面对人生的消极程序，试问何处又能盛装快乐呢？其实只要心态积极一点就会发现，每个人的生活都差不多，每个人都在为生计而奔波，每个人都要为一日三餐的质量而努力，当然，也都要遇到各种各样的难题。那么，人家看得开，我们为什么就看不开呢？事实上，也正是因为我们看不开，所以人家在困难之中往往能看到契机，而我们就只能看到危机。

⊃ 关不上的话匣子

H 先生就职于上海某大型企业，一直寡言少语，可是近一段时间，H 先生一改话少的习惯，变得无话不说，同事们都觉得 H 先生像变了个人似的，不过后来他们又发现有些不对劲，H 先生逢人便说，一打开话匣子便一发不可收拾，不管是熟悉还是不熟，揪住人就没完没了。尤其是一看到领导，不管领导愿不愿意听，他总是一大堆意见，最后弄得领导看见他都躲着走。H 先生还显得精力特别充沛，下班也不回家，经常在办公室里熬夜上网。"回到家里，他总是吹嘘炫耀自己，觉得非常有能耐。"他太太祁女士说，"有时候，三更半夜他还敲邻居家的门，要找人聊天，弄得人家特别烦。他这到底是怎么了？"

H 先生到底是怎么了？其实他是患上了躁狂抑郁症。不要以为只有话少的人才有可能是得抑郁症，其实话太多也是病。这类患者有的表现为三更半夜还找人唠叨不停，有的则表现为"口才特别好"。不少人前期表现以抑郁为主，而后期则表现以躁狂为主。这类病人已经占了抑郁症患者的一半。

像 H 先生这类人是需要家属、亲友辅助协调的。美国心理健康协会给躁狂抑郁症患者的家人提出了如下建议，可以帮助患者建立一个安静的休养环境。

1. 家人要尽量做到生活规律，并且少争执，这能让躁狂抑郁症患者减少外界刺激。如果有条件，家中应刷成冷色调，如淡蓝色和淡绿色，而且家具不要过多，家居环境以简单整洁为好。而且，要减少家庭聚会或请客的次数，尽量保持安静的环境。在放音乐时，不要放快节奏的歌曲，以免激惹患者。

2. 不要打断他的"演讲"。面对躁狂患者的滔滔不绝，不要表现出不耐烦的情绪，也不要生硬地打断他们，而是要耐心倾听，在适当的时候转移他们的注意力，然后再和他们约定，下次再陪他们聊天。如果患者躁狂发作，家人千万不能贸然捆绑患者，而应马上送到医院医治。

3. 用餐时不要聊天。躁狂患者喜欢在人多的时候夸夸其谈，如果全家人一起吃饭，他们就特别喜欢说话，常常影响进食。因此，可以让患者单独进餐，或者吃饭时家人不跟他们聊天。另外，躁狂患者一说起话来就忘了喝水，非常容易引起脱水，因此家人要监督他们及时喝水。

4. 在患者病情稳定时，应该让他们参与家中的一些活动，如打扫卫生、洗衣服等，这能让患者旺盛的精力得到有效释放，有利病情好转。而且还要鼓励患者投身到自己的爱好之中，能让他们转移注意力。

微笑原来也伤人

作为商场部门经理，谢羽欣要求她的下属工作时间必须保持一张标准的笑脸，对自己更高标准严要求，除了微笑，还要有温柔的语气。其实，生活中每个人都会有情绪落差，但她们的工作特性则把这个生理的正常现象给硬生生地"抹杀"了。为了工作，为了顾客，她们的情绪始终要保持高涨，精神饱满。

谢羽欣做经理已经有5年，5年里，微笑已经成为她的职业习惯，只要一踏进商场，她的脸就不自觉地会露出职业性的微笑，哪怕她今天的心情再郁闷。微笑也确实给她的事业带来很多益处，令她连续5年都被评为先进工作者，周到的服务和适时送上的微笑，也确实赢得了众多顾客的称赞。领导把她作为年轻员工的榜样，更把她视为公司的门面和招牌。种种荣誉让谢羽欣欲罢不能。时间长了，毕竟是食五谷杂粮、有七情六欲的人，压抑太久，身心都难以承受。她很想卸下面具，给自己的情绪和心情有个释放的机会，遇到那些蛮不讲理的顾客，也想痛痛快快地和他们"对簿公堂"，让他们懂得尊重是互相的，但是，"顾客是上帝"，这是公司的信条，无法违背。她只能把压抑和郁闷带回家发泄。丈夫和孩子是受害最重的对象，其次是她的父母。

看到无辜受害的亲人，谢羽欣不仅仅是内疚，而是揪心地痛，但她却无法控制自己的情绪。家人已经好久没有看见她由衷地笑了，她自己也已经忘记发自内心的笑应该是怎样的心情、怎样的快乐。5岁的儿子常常会埋怨，妈妈像个火药桶，一碰就炸，丈夫则会打趣地说"妈妈生病了，妈妈得的是心病"。每当这时，谢羽欣只有沉默。有时候，她真的很怕，怕自己的改变，怕自己的现状，更怕自己终有一天承受不起时的崩溃。

谢女士的确是患了心病，长期以来的强颜欢笑让她变得心力交瘁，心中的"闷"难以排解，家人便跟着遭了殃。这种带有一定职业色彩的抑郁症被称为"微笑抑郁症"，多发生在都市白领身上。事实上，"习惯性微笑表情"并不能消除工作、生活等各方面带来的压力、烦恼、忧愁，反而会让他们把忧郁和痛苦越积越深，于是乎，"微笑性抑郁症"这种肉眼看不见的痛苦开始在都市中蔓延开来。

然而，很多人虽然内心深处感到非常的压抑和忧愁，为了维护自己在别人心目中的美好形象，他们却选择了掩饰自己，表面上装作若无其事。殊不知，坏情绪积攒到一定程度时，可能会出问题，这个问题可大可小，不能忽视。

对于谢女士这样的人来说，当前最要紧的是扯下微笑的"伪面具"！既然这种抑郁倾向缘于白领的"微笑信条"，那么扯下微笑的"伪面具"也许是最好的自救方法。重要的是，不要把微笑看作解决一切问题的法宝，调整待人接物的思维方式，以真实诚挚的心态处世，要认识到真实是最有生命力的。

⊃ 光鲜背后的无奈

周发群所在的公司在食品业颇有名气，他能得到这个职位，是因为那个"海归派"的身份。周发群学历颇高，虽然离开北京已有数年，但生活了几十年的熟悉环境和人脉关系还是让他在很短的时间内成功地坐上了这个令人羡慕的位置。在旁人眼中，周发群是个能干、智慧、风度翩翩、学识渊博的标准高级白领。他的脸上始终保持着一份优雅的微笑，说起话来睿智而不失幽默，商场上的尔虞我诈从来都未让他有半点的失态，他的优雅和从容似乎是与生俱来的。但是，在优雅从容背后的压抑、彷徨和担忧只有周发群自己知道。

这几年来，周发群已经习惯了被人赞扬，听顺了赞美的话，让他不知不觉中戴上了厚厚的面具，他把自己的弱点深深地藏在了面具里面，努力把最光鲜的一面呈现在外人面前，他变得没有个性、没有自我，只剩下一个大家都认同的躯壳。他觉得累，却不能露出疲倦。没完没了的工作压得他喘不过气来，无论身体情况如何，他都必须将工作完成得尽善尽美，因为这样才是别人心目中认可的他；他觉得很烦躁，却依然要保持优雅；他感到紧张，却只能表现从容。虽然他有骄人的业绩，又有让人眼羡的学历，更有让人既妒忌又羡慕的才能，但竞争的激烈、新人辈出，让这个优秀的男人同样感到了危机。他感到紧张、焦虑，他的从容保持得有多累、多苦只有他自己知道。无奈，为了不让自己完全崩溃，他只能把郁闷和一切不如意向家人发泄。父母看着一向的优秀、知书达礼的儿子突然变得粗暴、不可理喻，他们很难接受，常常会不自觉地叹息摇头。

每当这个时候，周发群都会尽量避开，因为他不忍心看到父母的这种表情。他内疚，但又不能表露，因为他害怕父母的询问，他无法说清如此变化的原因。他也想找朋友去喝杯酒、聊聊天，或者一起去打球，将心中的郁闷发泄出来，但一天十几个小时的工作，根本就没有给他留下个人空间。他现在迫切地想放松，想逃开，但现实让他连逃脱的勇气都没有。他很清楚自己可能患上了心理疾病，但他无能为力。他只知道，他在等待，等待自己最终溃败的那一天。

近来，他的睡眠质量日益变差，注意力也无法集中，整天感到头晕、疲乏，精力大不如前，服用药物也无法减轻痛苦，最后不得不回家休息。他怀疑自己患了不治之症，想通过自杀来解脱，幸亏被家人及时发现，才避免了悲剧的发生。

事业有成原本是件令人羡慕的好事，然而在现代都市中，却有越来越多的成功人士被成功所累，患上了抑郁症，痛苦得无法自拔，甚至错误地认为，只有离开这个世界才能得到解脱。

现代社会的竞争压力确实很大，白领人士在这样的环境中工作节奏过快，对自身的期望值又很高，往往搞得自己像机器人一样忙碌不已，如果心理素质差一点又得不到疏解，难免会罹患心理疾病。所以提醒职场人士，要学会忙里偷闲，当感到压力太大时，不妨暂时丢掉一切工作和困扰，彻底放松身心，让精力得到恢复。此外，应注意保持正常的感情生活。事实表明，家人之间、恋人之间、朋友之间的相互关心和爱护，对于人的心理健康十分重要。遇到冲突、挫折和过度的精神压力时，要善于自我疏解，如参加文体、社交、旅游活动等，借此消除负面情绪，保持心理平衡。

3.综合诊疗

◯ 抑郁症的自我测试

抑郁症是一种常见的精神疾病，主要表现为情绪低落，兴趣减低，悲观，思维迟缓，缺乏主动性，自责自罪，饮食、睡眠差，担心自己患有各种疾病，感到全身多处不适，严重者可能出现自杀念头和行为。抑郁症在不同的阶段所表现出来的症状也会有所不同，下面就介绍一些判断自己是否患有抑郁症的简便方法。

1. 抑郁症早期症状

（1）丧失兴趣是抑郁症早期常见症状之一。丧失对既往生活、工作的热忱和乐趣，对任何事都兴趣索然。体验不出天伦之乐，对既往爱好不屑一顾，常闭门独居，疏远亲友，回避社交。

（2）精力丧失，疲乏无力，对洗漱、着衣等生活小事感到困难费劲，力不从心。

（3）食欲减退、体重减轻。多数人都有食欲不振，胃纳差症状，美味佳肴不再具有诱惑力，不思茶饭或食之无味，常伴有体重减轻。

（4）疾病早期即可出现性欲减低，男性可能出现阳痿，女病人有性感缺失。

（5）睡眠出现障碍。典型的睡眠障碍是早醒，比平时早2～3小时，醒后不复入睡，陷入悲哀气氛中。

（6）心境有昼重夜轻的变化。清晨或上午陷入心境低潮，下午或傍晚渐见好转。

（7）过分贬低自己的能力。以批判、消极和否定的态度看待自己的现在、过去和将来，这也不行，那也不对，把自己说得一无是处，前途一片黑暗。强烈的自责、内疚、无用感、无价值感、无助感，严重时可出现自罪、疑病观念。

（8）显著、持续、普遍抑郁状态。注意力困难、记忆力减退、脑子迟钝、思路闭塞、行动迟缓，有些人则表现为不安、焦虑、紧张和激越。

2. 抑郁症的躯体症状

（1）思维联想过程受抑制。反应迟钝，自觉脑子不转了，表现为主动性言语减少，语速明显减慢，思维问题费力，反应慢。

（2）轻性抑郁常有头晕、头痛、无力和失眠等主诉，易误诊为神经衰弱。

（3）还有一种隐匿性抑郁症，属于一种不典型的抑郁症，主要表现为反复或持续出现各种躯体不适和植物神经症状，如头疼、头晕、心悸、胸闷、气短、四肢麻木和恶心、呕吐等症状。抑郁情绪往往被躯体症状所掩盖，故又称为抑郁等位症，易误诊为神经症或其他躯体疾病。

抑郁症最危险的症状

抑郁症早期如果得不到治疗和调节，不良情绪一再累积，很容易产生自杀念头。并且，由于患者思维逻辑基本正常，实施自杀的成功率也较高。有自杀倾向是抑郁症最危险的症状之一。

值得注意的是，由于中国文化的特点，一些患者的情感症状可能并不明显，突出的会表现为各种身体的不适，以消化道症状较为常见，如食欲减退、腹胀、便秘等，还会有头痛、胸闷等症状。患者常常会纠缠于某一躯体主诉，并容易产生疑病观念，进而发展为疑病、虚无和罪恶妄想，但内科检查却没有发现大的问题，相应的治疗效果也不明显。

美国心理治疗专家、宾夕法尼亚大学的David D.Burns博士设计出一套抑郁症自我诊断表"伯恩斯忧郁症清单（BDC）"，这个自我诊断表可帮助人们快速评估出你是否存在着抑郁症。

请在符合你情绪的项上打分。

没有 0 分；轻度 1 分；中度 2 分；严重 3 分。

1. 悲伤：你是否一直感觉到伤心或者悲哀？

2. 泄气：你是否感觉到前景很渺茫？

3. 缺乏自尊：你是否觉得自己没有价值或是一个失败者？

4. 自卑：你是否觉得力不从心或自叹比不上别人？

5. 内疚：你是否对任何事情都自责？

6. 犹豫：你是否在做决定时犹豫不决？

7. 焦躁不安：这段时间你是否一直处于愤怒和不满的状态？

8. 对生活丧失兴趣：你对事业、家庭、爱好或朋友是否已经丧失了兴趣？

9. 丧失动机：你是否感觉到一蹶不振，做事情毫无动力？

10. 自我印象可怜：你是否认为自己已经衰老或者失去了魅力？

11. 食欲变化：你是否感到食欲不振，或情不自禁地暴饮暴食？

12. 睡眠变化：你是否患有失眠症，或整天感觉到体力不支、昏昏欲睡？

13. 丧失性欲：你是否丧失了对性爱的兴趣？

14. 臆想症：你是否经常胡思乱想担心自己的健康？

15. 自杀冲动：你是否认为生存没有价值，或生不如死？

抑郁自测答案：

0～4 分 没有抑郁症

5～10 分 偶尔有抑郁的情绪，很正常

11～20 分 有轻度抑郁

21～30 分 有中度抑郁症

31～45 分 有严重抑郁症

中度和严重抑郁症需要立即到心理专科诊治。

⊃ 抑郁症的自我调节

抑郁症单纯依靠药物的治疗效果并不是十分明显，若能配合自我调节效果则会更好一些。

1. 坚持正常活动

一些人的症状较轻，原本可以正常上班、正常做家事，但在得知自己有抑郁症以后，索性什么都不做了。事实上，这是很有害的。因为越是这样便越会觉得自己空虚、无用。让自己生活得充实一点，这对情绪是一种很好的调节。

2. 及时肯定自己

一天的工作过后，要充分肯定自己在这一天中的成绩和进步，不去想消极的东西。最好是用写日记的方法将好的体验、进步、成绩记下来，闲时翻看一下，会觉得生活很是有滋有味。

3. 建立广泛的兴趣爱好

长期重复单一的生活会让人感到很压抑，对于抑郁的人而言，应逼迫自己建立广泛的兴趣爱好，把放到感受症状上的痛苦向别的地方分散、转移。

4. 坚持健身

抑郁情绪容易使人行动变得散漫，人不开心，自然无精打采，这个时候需要自己鼓励自己加强身体锻炼，保证身康体健，要坚持下去，用心做。

5. 阅读

正所谓开卷有益，多读一些心理学、哲学、励志的书籍，可以提高我们的智慧，让我们对自身对生命有更深刻的认识，超越过去的思维局限。

6. 观息法

观息法是心灵重塑疗法中的一种净化内心的方法。呼吸的品质代表着生命的品质，呼吸伴随着生命的开始和结束，呼和吸称为"息"。

练习观息法以早晚两个时段为宜，练习时轻轻闭上双眼，把注意力放在呼吸上，无论任何念头出现，你都要以不推、不抗、不纠缠的心接纳它，而你所需要做的就只是纯然的观察呼吸，以盘腿的姿态，20分钟时间为基础，半个月至一个月后，可以延长练习时间至40分钟到1个小时。

7. 冥想

冥想是身心灵修习的一种很好行为，现在已被广泛地应用到心理治疗和心灵成长活动中。冥想可以减少紧张、焦虑、抑郁等情绪，有规律地练习冥想会增强意识，使人获得启迪，是对情绪非常好的一种放松。

其实，无论哪一种心理障碍，自我调节的关键都是本人的心态。也就是说，当事者不能"讳疾忌医"，应有主动寻求治疗的愿望，并愿意前往专业医疗机构进行诊疗，然后选择适合自己情况的缓解方法。

⇨ 饮食保健

1. 抑郁症饮食保健之五大水果。

（1）香蕉

香蕉中含有一种称为生物碱的物质，可以振奋人的精神和提高信心。而且香蕉是色胺酸和维生素 B_6 的来源，这些都可帮助大脑制造血清素。

（2）葡萄柚

葡萄柚里高量的维生素 C 不仅可以维持红血球的浓度，使身体有抵抗力，而且维生素 C 也可以抗压。最重要的是，在制造多巴胺、肾上腺素时，维生素 C 是重要成分之一。

（3）樱桃

樱桃被西方医生称为自然的阿司匹林。因为樱桃中有一种叫作花青素的物质，能够制造快乐。美国密芝根大学的科学家认为，人们在心情不好的时候吃 20 颗樱桃比吃任何药物都有效。

（4）鳄梨

鳄梨激发体内乐观潜能，在情绪非常低落、看问题容易只看坏的一面时，去买点鳄梨来吃吧。鳄梨又名牛油果，超市进口水果专柜一般都有。鳄梨富含一种能够平衡情绪的氨基酸，有助于人的情绪恢复正常。

（5）龙眼

龙眼具有补心安神、养血益脾的功效。现代研究发现它含有蛋白质、维生素等多种营养物质，对脑细胞特别有益，能增强记忆，消除疲劳，且有明显抗衰老作用。用龙眼肉炖冰糖水，可镇定神经，对神经衰弱和抑郁病者有一定疗效。

2. 抑郁症饮食保健之五大蔬菜。

（1）菠菜

菠菜除含有大量铁质外，更有人体所需的叶酸。缺乏叶酸会导致精神疾病，包括抑郁症和早发性痴呆等。研究发现，那些无法摄取足够叶酸的人在5个月后，都无法入睡，并产生健忘和焦虑等症状。研究人员推论，缺乏叶酸会导致脑中的血清素减少，造成抑郁症出现。

（2）南瓜

南瓜之所以和好心情有关，是因为它们富含维生素 B6 和铁，这两种营养素都能帮助身体所储存的血糖转变成葡萄糖，葡萄糖正是脑部唯一的燃料。

（3）黄花菜

又称安神草或忘忧草，其花蕾中含有大量花粉，食后具有提神醒脑的作用，具有养血平肝，利尿消肿之作用。

（4）马铃薯

马铃薯被称为"天然抗抑郁剂"，其特含的血管收缩素能舒缓人的情绪压力，调节心情，要多吃。

（5）大蒜

大蒜虽然会带来不好的口气，却会带来好心情。德国一项针对大蒜的研究发现，焦虑症患者吃了大蒜制剂后，感觉较不疲倦和焦虑，也更不容易发怒。

3. 抑郁症饮食保健之五大食物。

（1）深海鱼

研究发现，住在海边的人都比较快乐。这不只是因为大海让人神清气爽，还因为住在海边的人更常吃鱼。哈佛大学的研究指出，海鱼中的Omega-3脂肪酸与常用的抗抑郁药如碳酸锂有类似作用，能阻断神经传导路径，增加血清素的分泌量。

（2）鸡肉

英国心理学家给参与测试者吃了100微克的硒后，他们普遍反映觉得心情更好。而硒的丰富来源就包括鸡肉。

（3）全麦面包

碳水化合物可以帮助血清素增加，麻省理工学院的研究人员说："有些人把面食、点心这类食物当作可以吃的抗忧郁剂是很科学的。"

（4）低脂牛奶

纽约西奈山医药中心研究发现，让有经前综合征的妇女吃1000毫克的钙片3个月后，3/4的人都感到更容易快乐，不容易紧张、暴躁或焦虑了。而日常生活中，钙的最佳来源是牛奶、酸奶和奶酪。幸运的是，低脂或脱脂牛奶含有较多的钙。

（5）碳水化合物

它可以使人从焦躁变到快乐。心浮气躁、心烦意乱？那么赶紧多吃玉米、燕麦吧。这是碳水化合物的优质来源。碳水化合物能帮助清除血管内的一种氨基酸，这种氨基酸会对抗人体内的另一种合成血清素的氨基酸。血清素对于平衡情绪非常重要，能帮助人们放松下来，平复焦躁的情绪。

（仅供参考，具体请询问医生）

下卷

对症下药：
现代人非正常心理行为的纠正调节

一、人性的缺憾

谁动了我的红酒

在《幸福人生》讲座中听到这样一件事：

有一个正读小学的女生，每次数学考试成绩都高居榜首，因为她的爷爷是数学教授，所以她的数学成绩特别好。有一天，学校进行数学考试，这个女生没来，所有同学都很好奇，于是就向老师打听原因，老师说女生的爷爷去世了。结果，有个孩子竟然欢呼说"终于死了"。

小孩子的内心应该是什么状态？很显然，应该是天真、善良的。上面的这个故事是不是杜撰而来，无从考证，但它却把人性中的自私展露得淋漓尽致。同时，它也给我们敲响了警钟：自私已经成为一种社会病，人应该从小就培养豁达的胸襟，如果说事事只为自己着想，那么内心将糟糕得一塌糊涂。

美国当代著名心理学家斯腾伯格在谈到自私心理时，曾讲过这样一个故事：

勒布朗是位美国商人，他在纽约拥有一幢舒适的公寓，但每当夏季来临，他都要离开灰蒙蒙的都市前往乡下。他有一套乡间小别墅，别墅里还放着一个装有猎枪、鱼竿、酒等物品的大壁橱。这个壁橱他自己用，连他妻子都没有钥匙。勒布朗珍爱自己的东西，别人碰一下他都会发火。

现在已经是秋天了,勒布朗几分钟以后就要启程回到纽约。他看了看摆放红酒的壁橱,神情严肃。所有的酒都没有启封,只有一瓶除外。这瓶酒被放在最前面,里面的酒已不足半瓶,旁边还有一个红酒杯,看起来非常诱人。他刚拿起酒瓶,就听到妻子海伦在另一个房间说道:"我都收拾好了,亚历克什么时候才能回来?"亚历克住在附近,兼做他们的管家。

"他在湖里拖小船呢,半小时以后就能回来!"

海伦提着手提箱走了进来,看到丈夫把两片药扔进半空的酒瓶中,药片很快便溶解了。

"你在干什么?"她问。

"咱们走后,去年冬天破门而入、偷去我红酒的人可能还会故技重施,可他这次会后悔的。"

海伦心惊胆战地问:"你放的是什么药?会使人生病吗?"

"岂止是生病,还会要人的命呢!"他心满意足地答道,顺手将酒瓶放回原处,"嗯,小偷先生,你想喝多少就喝多少吧。"

海伦的脸一下子白了,她嚷着:"勒布朗,别这样,太可怕啦,这是谋杀呀!"

"如果我开枪打死一个私人民宅的小偷,法律会不会判我谋杀?"

她哀求道:"别这样,法律不会判入户盗窃者死刑的,你没有权利这样做!"

"当涉及我的私有财产时,我会运用我的私人法律。"他现在看起来就像一条害怕别人夺走他的骨头的大狼狗。

"他们不过是偷了点儿酒而已,可能是些小男孩干的,也没搞什么破坏。"她又说。

"那又有什么关系？一个人偷了5美元与100美元毫无区别，贼就是贼。"

她做最后的努力："咱们得明年夏天才能来，我会一直担惊受怕的，万一……"

他哈哈大笑："我以往担着风险做生意，不是也赚了吗？咱们再冒一次险又能怎样？"

她明白再争下去也是徒劳，他在生意上也一直这样冷酷无情。于是，她借口向邻居告别，把这事告诉给了管家的妻子。

勒布朗正要锁壁橱，忽然想起晾在花园的猎靴忘了装进行李。他伸手够靴子时，脚下一滑，头重重撞在了桌角上，随即昏倒在地。

几分钟后，他感觉有双有力的臂膀在抱着他，他听出是亚历克的声音："没事啦，先生，你伤得不重，喝点这个会使你感觉好些。"一个红酒酒杯送到了他嘴边，他迷迷糊糊地喝了下去……

斯腾伯格的用意很明显，他是在告诉人们：超越正常的自私心理是非常有害的，这个世界需要的不是自私与伤害，而是和睦相处，是相互关爱。对人对己，这都是有利的。

自私，这是一种近似于本能的欲望，是人性中的一种缺憾。客观地说，没有人不自私，每个人都会有不同程度的私心杂念，这是人之常情。但是，就现在的情况来看，很多人的自私心理已经超过了人的一点私心杂念。就像案例中的勒布朗一样，损人利己，极端自私，刻薄成性，以自我为中心，目中无人，容不得他人。即便自己心知肚明，也会觉得心安理得，且常常会找种种借口加以掩盖，隐藏自己内心深处的自私本性。这种自私就是一种病态的心理了。

自私作为一种病态社会心理，具有很强的渗透性，一个人的自私可能会影响到身边的几个人，甚至几十个人，其危害程度可见一斑。不过，自私心理是可以充分发挥个人的主观能动性，积极加以克服的。

自私心理的调整方法有以下几种：

1. 常自省

在内心中对自己所做的事情进行审视和反省，夜深人静时扪心自问："我这样做对不对？"避免主观，多从他人的角度思考，或者站在旁观者角度上看，用自我观察和陈述的方法逐渐纠正这种有意无意甚至下意识的心理现象。

2. 多行善

当内心自省或者经过他人提醒，意识到自己的自私行为时，就要下决心改正。同时有意识地参加社会公益活动，在日常工作中主动帮助他人，在行动中纠正不健康的行为、心态，从他人的表扬称赞中得到乐趣，以进一步改正自私心态。

3. 回避性训练

以心理学上的操作性反射原理为基础，以强化手段进行训练。具体方法是在手上系一根橡皮筋，只要意识到自己有自私行为，或者要求好友发现自己有自私行为时，就拉一下橡皮筋来提醒。通过反复的自我纠正，逐渐克服自私行为。

你是不是NO.1？

婷婷，国内某重点大学毕业，1.65米的身高，曾是学校舞蹈队队员。她自认长得非常漂亮、才能超群。工作以后，她参加活动积极、踊跃，喜欢卖弄自己，认为自己什么都行，穿着鲜艳、时尚，常常对同事表现出不屑一顾的神态，看不起周围的人，认为这些女人穿衣没品位，男人就知道献殷勤。她什么事都喜欢插一手，喜欢指使、支配别人做事，而对别人提的意见却总不能接受，认为自己做的都是对的、好的，别人没有资格评论。

她虽然人长得漂亮，但是缺少涵养，平时总是有一种高高在上的优越感，与人相处时总是以教训的口气说话，令人难以接受，而且稍有不如别人的时候，便会妒性大发，常常把别人说得一文不值。这使得她在公司的人缘非常之差。

种种迹象表明，婷婷有着明显的自负心理。自负性格的产生主要是由于错误的自我意识造成的。可以说自负缺乏自知之明，对自己的能力和学识评价过高，夸大自己的长处，不明自己的短处。自负者往往缺乏修养，以清高、盛气凌人来显示自己的优越，对人缺乏尊重。

不能否认，人在某一方面具有一定优点或优势之时，自负的情绪往往悄然而生。这时人会变得较为主观，往往以自己的判断来代替客观事实，而且，又总是不愿承认自己的骄傲，但与此同时，那自以为是、目空一切的表情已经说明了一切。

如果你无法确定，你可以这样，看看自己有没有出现下面这些类似状态。如果说类似特征在你的身上已经表现得相当明显，那么你就需要注意了。

请问：你是不是以为自己无所不知、无所不能？这种心理，管理学家尤因为其取名为"全知全能信念"，正是它给我们的心灵播下了灾难的种子。于是，当有人给我们提建议时，我们会很不耐烦，因为我们自己"心中有数，无须提点"；于是，我们总是习惯性地对别人评头论足，因为"对方不如我们"，我们"有这个资格"；于是我们从不肯服输，一定要别人接受自己的观点，因为"我是对的，他们是错的"。但事实上，这都是我们陷入"全知全能谬误"的表现。

请问：你是不是以为"我就是NO.1"？不少人的傲气虽然还没有达到"全知全能"的程度，但也认为，至少在某一领域自己算得上是NO.1。在这个领域中，我们"就是权威"，别人都是"泛泛之辈"，是故他们不能挑战我们的威严，因为我们是绝对不容侵犯的。如果说有人威胁到我们NO.1的地位，那么我们一定要与其一决高下。另外，我们还很乐于向别人传授自己的成功经验，但这"绝不是炫耀"，只是为了"助人为乐"，是在传道授业。

毫无疑问，这都是我们陷入自负情结的表现，但我们自己却往往意识不到这一点。其实，轻度的自负或者叫作优越感，从某种意义上说也有它的好处，它可以推动我们追求更高的人生目标，达成更高层次的人生事业。但这种心理必须限定在合理的范畴之内。也就是说，优越感我们可以有也应该有，但最好不要过。过犹不及，当过度的优越感演变成极度的自负之时，它就会成为我们人生的一种束缚，令我们不能以谦卑之心去汲取他人之所长，于是人生困顿不前，甚至一败涂地。

我们可以这样来描述自负的害处：自负生傲气→傲气生霸气→霸气生偏见→于是狂妄自大、脱离群众、刚愎自用→最后导致失败。

心理学中有一个关于自负心理的教育案例，来看一下：

一场暴雨刚刚过去，池塘的水面上浮起了串串水泡。这些水泡在水面漂浮着，不断地合成大的水泡……

其中一个大水泡在水面上蛮横地晃着，伺机吞并其他同伴，只见它向左一晃，吞并了身旁的一个小水泡，向右一晃，又吞并了一个。伴随它一个个地吞噬同伴的同时，它的身体也一点点儿地膨胀着。这时，大水泡有些飘飘然了……

"哈哈哈，我太伟大了，我是世界之王！你们这些小不点都是我的臣民。如果谁敢冒犯我，我就将它毫不留情地吞噬……"

一个小水泡实在看不下去了，奉劝它说："亲爱的朋友，不要太霸道了。这样下去，你会把自己毁掉的！"

"什么？你只是一个小不点，竟然还敢指责我！哈哈哈！"对小水泡的相劝，大水泡感到很可笑，"你竟然敢对我说出如此不敬的话来，就让其他人看看反抗我的下场吧，我要吃掉你……"说着，它开始向小水泡漂了过去。

然而，当大水泡腆着圆鼓鼓的肚子骄横地逼近小水泡时，由于肚子撑得太大，"嘭"的一声胀破了。

由此可见，有能力虽好，但若是引以为傲，它往往又会成为导致人生败北的关键因素。当一个人的能力得到认可、取得了一定意义上的成功以后，他很容易目空一切、自以为是，从而出现一系列自负的毛病，例如，傲上欺下、固执己见、独断专行、听不惯不同声音、听不进正确意见，等等。显而易见，它们只会扯我们人生的后腿。

这就好比我们学生时代的考试，第一次便考出好成绩，我们就可能因此骄傲起来，于是开始懈怠，那么下一次很有可能会考砸。这是因为我们还不真正了解考试。考试，它只是对前段时间学习的一个测验，你这一次考好，或许是因为前段时间的确在认真学习，或者说出的题正好都是你会的。但请注意，这只是对前一阶段的测验。在人生中，我们要经历无数次考试，虽然我们此时的成绩不错，但要知道，后面还有很多考试在等着我们，如果说你自以为不得了了，那么结果就未知了。其实，我们之所以总是犯下自负的错误，还是对人生的考试太不理解！

换而言之，成功加重了人的自负，其结果是近期的成功导致了长远的失败。所以，这种心理必须控制在一个合理的范围内。

1. 提高自我认识

要全面、客观地看待自己，知道自己的长处与短处，不可一叶障目，不见泰山，抓住一点不放，未免失之偏颇。不要总拿自己的长处去比别人的不足，把别人看得一无是处，也不能总拿自己的缺点去比别人的优点，把自己看得一文不值。

2. 虚心接受批评

自负者的致命弱点就是不愿改变自己的态度或接受别人的观点，接受批评即是针对这一特点提出的方法。当然，这并不是说要完全服从于他人，只是要求自负者能够接受别人的正确观点，通过接受别人的批评，改变过去固执己见、唯我独尊的思维习惯。

3. 以发展的眼光自己

既要看到自己的过去，也要看清自己的现在和将来。所谓"好汉不提当年勇"，不能抱着过去的荣耀过日子，它并不代表着现在，更不预示着将来。

4. 感激与赞美别人

试着去感激与赞美，要从心里愿意这样去做，这可能不太容易，但当你跳出困住自己的井时，就会发现天好大，自己很渺小。每个人都有优点和长处，承认并赞美他人，这会改变自己的人际关系，同时也会得到更多的感激和赞美。当你对他人越来越感到满意时，当你坦然承认他人的优点并由衷的赞美时，就证明你的自负心已经得到纠正。

别人看你挺好，你把自己当草

张女士今年才 36 岁，给人的感觉就像到了更年期一样，她在朋友、同事面前做得最多的事就是抱怨自己的"不幸"：丈夫的收入没有朋友的老公高；孩子不像同事家孩子那样听话；大学时样样不如自己的人，现在开着豪车住着豪宅，等等。她一边抱怨，一边说自己可怜，说着说着眼圈就红了，声音也开始哽咽了。事实上，张女士的生活在同龄人中算是不错的：老公是一家事业单位的骨干；一儿一女都长相清秀，聪明伶俐；她本人也拿着不低的工资，生病了还有医疗保险……可是，张女士将注意力都集中在了那些"可怜"的事情上，见人就说，弄得朋友、同事也对她敬而远之。往往张女士一开口，大家都避之唯恐不及，觉得她太矫情："明明挺好的，干吗'故意'把自己说得那么惨……"

从心理学来看，张女士其实是产生了自怜情结。这种情结是随着社会进步而蔓延开来的。一方面，商品经济社会不可避免地令人的欲望升腾，现实与需求之间的鸿沟越来越宽，让人倍感失落；另一方面，生活条件的改善让人们拥有了更多的控制感，而对"失去"的担心让人们越发觉得心里没底，最终丧失了平常心。于是，在这种心理失衡的背景下，人们经常感到自己"太不容易了"。

"自怜"的发展会经过两个阶段：

第一阶段是假性自怜，内在的原因往往是希望获得理解，维护自己的"自尊"。一些人觉得自己生活得不如别人，于是便利用各种可能的场合，向大家解释造成这种状况的各种"不可控"因素，表现为自怜，譬如说，向别人表示自己怀才不遇，一再强调不是自己不行，而是领导有眼无珠。

第二阶段是真性自怜。当假性自怜成为一种习惯以后，随着时间的延长，当事者会产生抑郁情绪。到了这一个阶段，他们已经很难意识到自怜的初衷——维护自尊，而是深陷其中。这个时候，别人看他们挺好，他们却拿自己当草，陷入自卑自怜的恶性循环之中。

现代都市中，像张女士一样喜欢"自怜"的人不在少数。他们就像祥林嫂一样，逢人便诉说自己的"不幸遭遇"，似乎这个世界上最值得同情的人就是他自己。他们原本是希望得到别人的理解和认同，结果却让周围的人越发反感，导致自己的生活圈子越来越狭小、朋友越来越少。

其实，自怜和冷热痛痒一样，也是一种自我察觉，是对现在状态的自我评价，然后会有相应的情绪和行为来进行自我调节。从这个角度上说，自怜虽然是一种消极心理，但适当的自怜也是有益身心的。打个比方来说，知道冷了就添衣显然有助于身体健康，那么"委屈"就像是心理健康的警戒线，督促人们及时心理"排毒"，这显然对身心健康也是有益的。不过，凡事过犹不及，自怜心理一旦过了头，对人对己都是祸害，最终像黛玉一样一腔幽怨化作淋漓鲜血也不无可能。

那么，该如何抛开自怜呢？

1. 别把自怜当成美

这一点是对文艺青年说的。我们不能忽略这样一个现象，在当代，很多娱乐节目、选秀节目、电影、小说都在消费苦难，对痛苦进行病态的审美，仿佛非要较个"谁比我更惨"的真。很多原本便多愁善感的文青都沉溺其中，尤其是女文青往往会认为《红楼梦》中黛玉"葬花吟"的情愫是诗一样美丽的。但事实上，这种情愫在文艺作品中欣赏一下即可，真的把它带到生活中，并没有多少好处和美感。当一个人不断强调和暗示自己多么可怜、多么悲惨时，他极有可能就真的变得很惨了。这在心理学上叫"自我实现的寓言"，就是说你内心的想法创造了你个人的实相。

2. 觉察到正身处自怜中

所谓"自知者明"，假如两个人都有自怜情愫，一个人觉察到了自己的非正常状态，而另一个仍混沌无知，那么前者肯定比后者更容易抛开自怜。觉察，即摆脱了"无明"的状态，这往往是改变的开始。觉察会让人看清自己真实的情况，及时停止那些消极的暗示。

3. 接纳生命中的失控和失序感。

虽然"掌控"的感觉非常好，但必须承认，这个世界上人所无法掌控的事情太多，别人的世界无法掌控，未来无法掌控，甚至有时连自己都无法掌控。失控感是人生中常常需要面对的事情。竭力想要掌控一切，必然会带来压力与焦虑，适度的放松控制对身心都是一种平衡和益助。允许失控感的出现，接纳生命中出现的那些失控与失序，不要求一切尽在掌控，心就会进入一个更高层次的境界。

自卑的格格

格格家里的条件不好，虽然生在大都市，但却几乎未领略过大都市的繁华。

复读了两年以后，格格终于考上了一所不错的大学，现在已经 25 岁，刚刚大学毕业，有了一份还算不错的工作，但是 25 岁的她还没有交过一个男朋友。

格格觉得自己长得不够漂亮，也很在意糟糕的家庭环境，但是在日常生活中，她并未将这些表现出来。

格格在同事面前显得骄傲和霸道，虽然与大家相处得还算不错，但她自己知道这种骄傲和霸道是多么的不堪一击。

在对待异性方面，格格有过失败经历，常常是她刚刚对人好一点，对方就表明态度——只能做朋友。几次以后，格格开始排斥异性，她甚至开始不善于与异性交谈、相处了。不过，看着身边的人都成双成对，她又忍不住心生忌妒。

格格似乎很着急把自己嫁出去一样，这种着急近乎盲目。每每遇到想和她做朋友的男士，她就会开始以为能和对方有点什么，并且不由自主地喜欢，而当其得知对方并没有这层意思、是她自己多想了的时候，原先的喜爱就会变成一种怨恨：

"原来他在耍我！"

"这个男人不是什么好家伙！"

"我还不稀罕与这样的人交往呢！"

她从此与对方形同陌路，老死不相往来，苦大仇深一般。但要知道，对方原本就只是想与她做好朋友而已。

从格格的行为来看，她骨子里是自卑的，而且这种自卑已经到了病态的程度。通常，每个人或多或少都会产生些自卑情愫，但是甚微，几乎不能影响到正常的生活。可自卑一旦越了界，就会像一条啮噬心灵的毒蛇，不仅吸食心灵的新鲜血液，让人失去生存的勇气，还在其中注入厌世和绝望的毒液，最后让健康的机体死于非命。

自卑者习惯妄自菲薄，总是感觉己不如人，这种情绪一直纠结于心，结果丧失了原有的人生乐趣，烦恼、忧愁、失落、焦虑纷沓而至。自卑者无论是对工作还是对生活，都提不起兴趣。他们万念俱灰，失去了斗志，失去了进取的勇气。自卑者一旦遭遇挫折，更是怨天尤人、自怨自艾，一味指责命运的不公。自卑者格外敏感，缺乏宽广的胸怀，往往别人一个不经意的举动，就会戳伤他们的神经，以为别人在轻视自己、侮辱自己。

在人生崎岖的道路上，自卑这条毒蛇随时都会悄然地出现，尤其是当人劳累、困乏、迷惑时，更要加倍地警惕。偶尔短时间地滑入自卑的状态是很正常的现象，但长期处于自卑之中就会酿成一场灾难了。自卑的根源在于过分低估自己或否定自我，过分重视他人的意见，并将他人看得过于高大而把自我看得过于卑微。

自卑所造成的问题是不论你有多么成功，或是不论你有多么能干，你总是想证明自己是否真的是多才多艺。换言之，很多人都倾向于为自己设定一个形象，而不肯承认真正的自我是什么。举个例子来说，如果你一直希望自己成为特别苗条的人，总是担心自己瘦不下来，每次在量腰围时你就会担心，而完全忘了你的身体正处在最佳的健康状态。

你总是把自己认定的劣势时刻放在脑子里，提醒自己的不足，并把这些不足与他人的优势相比较。因而，越比越觉得自己不如他人，越比越觉得自己无地自容，从而忽略了自身的优势，打击了自信心。

假如让自卑控制了你，那么，你在自我形象的评价上会毫不怜悯地贬低自己，不敢伸张自我的欲望，不敢在他人面前申诉自己的观点，不敢向他人表白自己的爱情，行为上不敢挥洒自己，总是显得很拘谨畏缩。同时，对外界、对他人，特别是对陌生环境与生人，心存一种畏惧。出于一种本能的自我保护，便会与自己畏惧的东西隔离和疏远，这样便将自己囚禁在一个孤独的城堡之中了。假如说别的消极情绪可以使一个人在前进路上暂时偏离目标或减缓成功的速度，那么一个长期处于自卑状态的人根本就不可能有成功的希望，甚至已有的成绩也不能唤起他们的喜悦、兴奋和信心。他们只是一味地沉浸在自己失败的体验里不能自拔，对什么都不感兴趣，对什么都没有信心，不愿走入人群，拒绝别人接近。

世界上有大多数不能走出生存困境的人，其失败都是由于对自己信心不足。他们就像一棵脆弱的小草一样，毫无信心去经历风雨，这就是一种可怕的自卑心理。

自卑心理都是自己给自己的，所以自卑心理也完全可以通过努力来克服。心理学家阿德勒认为，每个人都有先天的生理或心理欠缺，这就决定了每个人的潜意识中都有自卑感存在，但处理得好，会使我超越与克服自卑去寻求优越感，而处理不好就将演化成各种各样的心理障碍或心理疾病！下面微心理就来分析一些如何克服自卑心理的方法！

1. 以补偿法超越自卑

这是一种心理适应机制。我们在适应社会的过程中总有一些偏差，令我们的理想与现实出现落差，这时，我们可以用一种补偿法来为心理"移位"，即克服自己因生理或心理缺陷而产生的自卑，转而发展在某一方面的特长。事实上，这一心理机制的运用曾经成就了很多人，他们越是感到自卑，寻求补偿的愿望就越大，最后成功的本钱也就越多。

举个例子，林肯总统的出身很不好，他是私生子，长得也很一般，言谈举止也没有什么样子，他为此感到很自卑。他为了在人前抬起头来，拼命地为自己充电，以求弥补自己知识贫乏和孤陋寡闻的缺陷。他孜孜不倦地读书，尽管眼眶越陷越深，但学识让他成为了具有非凡魅力的人。我们知道，他是美国历史上非常杰出的一位总统。

人在补偿心理的作用下，自卑感会形成一种动力，从而促使自己努力去发展所长，磨砺性格，完成对自己的一个超越。

2. 以实际行动为自己建立自信

事实上，战胜自卑最快、最有效的方法就是挑战自己害怕的事情，直到这种恐惧心理消除为止。我们可以这样去做：

（1）挑靠前的位置坐，突出自己

在社交场合的聚会中，或是在各类型的讲堂中，我们不要坐在后面，不要怕引起别人的注意，直接就大大方方地坐在前面。要知道，敢于将自己置于众目睽睽之下，这是需要很大勇气的。如果你做到了，你的自信势必会得到提升。

（2）去正视你的社交对象

很多人在与人交往、交谈中，目光总是躲躲闪闪，不敢正视别人，这就是一种极不自信的表现，这说明你恐惧、怯懦或是心中有愧。倘若你能正视别人，就等于在告诉对方：我是真诚的；我是光明正大的；我乐于与你交往。这才是自信的表现，更是一种个人魅力的展示。

当然，这类方法还有很多，我们就不一一道足。其实，说一千道一万，解除自卑心理的关键还在于我们的心态。请记住！一个人可以犯错误，但绝不能丧失自信、丧失自尊。因为唯有自信者才能捍卫自己的尊严；唯有自信者的人生阵地才不会陷落；唯有自信者才能披荆斩棘、冲破重重障碍，最终摘得胜利的甘果。

有一匹马，就会有一匹马的痛苦

有一位叫埃文斯的作家就曾冥想过财富带给自己的烦恼。几年前他买了一片小树林，然而时间一久，问题出现了：财富影响了他的生活。他需要改变这种状况，他开始冥想，结果发现：

1. 小树林在他心里经常沉甸甸的。它给了他权威，却拿走了欢乐。因为这笔财产给他带来了麻烦和不便，就好比家具需要除尘，除尘器又需要佣人，佣人又需要"保险印花"。这些事情让他在准备赴宴或者到河里游泳之前，左思右想，不能决定去还是不去，原本的好心情随之荡然无存。

2. 他觉得小树林应该再大一些，好容纳快乐高飞的小鸟。可他没有能力买下邻居所拥有的林边田野，也不愿谋财害命。这种种限制使他心烦意乱。

3. 财产使拥有者感到应该用它做一些事情，比如砍倒树木或在树缝中栽上新树。这些奇怪的想法很折磨人，使他无法享受小树林的趣味。

4. 常有经过的人采挖林中的黑刺莓、毛地黄和蘑菇。他感慨："上帝啊，我的小树林到底属于不属于我？如果它属于我，我能阻止别人在那儿散步吗？"

他最后写道："可能最终我会像某些人一样，用墙将林子围起来，用栅栏把众人挡开，直到我能真正享用小树林。而那样的话，这些都可能是我会有的特点：身体肥胖、贪得无厌、貌似强大而自私透顶——我也会整夜'求一合眼不得'"！

这个世界上，80%的幸福与金钱无关，80%的痛苦却与金钱息息相关。这就是贪婪对于人性可能产生的影响，就如华智仁波切所说的那样："有一条茶叶，就会有一条茶叶的痛苦；有一匹马，就会有一匹马的痛苦。"

然而，人又不能没有欲望。"声色犬马，饮食男女，人之性也"就是说，人要活着就要听、要看、要做事、要吃饭、还要繁衍后代，这是人的本性。没有这些本性欲望，人不能生存，活着也没有意义。欲望，其实也是一种需求，是人类希望满足自身需要的一种心态，美国社会学家马斯洛把它分成了五个层次：

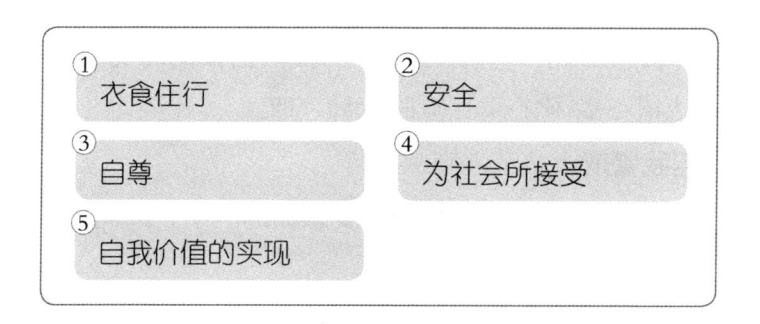

① 衣食住行
② 安全
③ 自尊
④ 为社会所接受
⑤ 自我价值的实现

这五种欲求是由低到高次依此、逐渐满足的。在这个实现过程中，欲求是人产生各种行为的内在动因。也就是说，正因为人有了满足需求的欲望，才会为实现这种欲望而采取实际行动，才会奋斗，才会创造，才能够享受创造带来的成功。而人的幸福、快乐也将在创造、享受的过程中产生，所以说，常人不能无欲，不能无事。

可是，欲望又必须有所控制，不能贪得无厌。人过于贪婪，秉性就会变得懦弱，就有可能屈服于欲望，违心去做一些不该做的事情。

贪婪不是一种遗传疾病，现代医学对此缺乏研究，也没有找到先天的遗传证据。可以断言，贪婪是在后天成长过程中受病态的社会文化影响，逐渐形成的不正常心理行为表现，因此，完全可以通过自我调适、自我改正加以克服。

1．自我反问

将自己喜欢的、希望得到的东西罗列出来，然后反问自己："我"的欲望是否合理？哪些欲望是超乎现实的非分之想？通过自我反问，了解自己的欲望值，该争取的就去争取，不该争取的果断放弃，有意识地克制贪婪心理。

2．格言自律

经常阅读、参悟一些关于节欲、廉洁自律的诗文、格言、名篇，澄心静坐，净化心灵，克制贪婪心理。

3．自我警戒

经常想一想那些因为贪婪而遭受惩罚的故事，以此为戒。

4．知足常乐

幸福和快乐原本是精神的产物，期待通过增加物质财富而获得它们，岂不是缘木求鱼？如果为了拥有一辆豪华轿车、一幢豪华别墅而废寝忘食，为了涨一次工资而逆来顺受，日复一日地赔尽笑脸，为了签更多的合同，年复一年日复一日地戴上面具，强颜欢笑……长此以往，终将不胜负荷，最后悲怆地倒在医院病床上。此时此刻，应该问问自己：金钱真的那么重要吗？有些人的钱只有两样用途：壮年时用来买饭，暮年时用来买药。所以说，人生苦短，不要总是把自己当成赚钱的机器。一生为赚钱而活是何其悲哀！人活着，若想自在些，就要把钱财看淡些，不要一味地去追求享受。在用双手创造财富的同时，不妨多一点休闲的念头，不要忘了自己的业余爱好，不妨每天花点时间与家人一起去看场电影，去散散步，去郊游一次……如果这样，生活将会变得丰富多彩，富有情趣；心灵会变得轻松惬意，自由舒畅；生命会变得活力无限。

是什么始终不能让人满意

男人和女人是大学同学，在学校时是大家公认的金童玉女，毕业后，顺理成章地结成了百年之好。那时，当同学们都在为工作发愁时，男人就已经直接被推荐到一家公司做设计工程师，女人也因此自豪着。

结婚5年后，他们要了宝宝，生活步入稳定的轨道，简单平静，不失幸福。然而，一次同学聚会彻底搅乱了女人的心。

那次聚会，男人们都在炫耀着自己的事业，女人们都在攀比着自己的丈夫。站在同学们中间，女人猛然发现，原本那么出众的他们如今却显得如此普通，那些曾经学习和姿色都不如自己的女同学都一身名牌，提着昂贵的手提包，仪态万千，风姿绰约。而那些曾经被老公远远甩在后面、不学无术的男同学现在居然都是一副春风得意的样子。

回家的路上，女人一直没有说话，男人开玩笑说："那个小子，当初还真小看他了，一个打架当科的小混混，现在居然能混成这样。不过你看他，真的有点小人得志的样子。"

"人家是小人得志，但是人家得志了，你是什么？原地踏步？有什么资格笑话别人？"

男人察觉出了女人的冷嘲热讽，但并未生气："怎么了？后悔了？要是当初跟着他现在也成富婆了是吗？"

一句话激怒了本就不开心的女人："是，我是后悔了，跟着你这个不长进的男人，我才这么的处处不如人。"

男人只当女人是虚荣心作怪，被今天聚会上那些女同学刺激到了，为避免吵起来，便不再作声。

一夜无话，第二天就各自上班了，男人觉得女人也平复了，不再放在心上。可是此后他却发现，女人真的变了，总是时不时地对他讽刺挖苦：

"能在一个公司待那么久，你也太安于现状了吧？"

"干了那么久了，也没什么长进，还不如辞职，出去折腾折腾呢？"

"哎，也不知道现在过的什么日子，想买件像样的衣服，都得寻思半天价格，谁让咱有个不争气的老公呢！"

在女人的不断督促下，男人终于下决心"折腾折腾"。他买了一辆北京现代，白天上班，晚上拉黑活，以满足女人不断膨胀的物质需求。女人的脸上也渐渐有了些笑模样。

那天，本来二人约好晚上要去看望女人的父亲，可左等右等男人就是不回来。女人正在气头上，收到了男人发来的信息："对不起，老婆，始终不能让你满意。"女人看着，想着肯定是男人道歉的短信。她躺着，回想着这些年在一起的生活，想到男人对自己的关心和宽容，想着他们现在的生活，虽然平凡一点，但是也不失幸福，想着自己也许真的被虚荣冲昏了头了，想着想着便睡着了。第二天早上，睁开眼的女人发现，丈夫竟然彻夜未归。她大怒，正准备打电话过去质问，电话铃声却突然响了。

电话那头说他们是交通事故科的，女人听着听着，感觉眼前的世界越来越缥缈，她的身体不停地抖着，蜷缩成一团。

原来，那天晚上，男人拉了一个急着出城的客人，男人一般不会出城，但因为对方给的价格太诱人，就答应了。回来的路上，他被一辆货车追尾。最后一刻，男人给女人发了一条信息："老婆对不起，始终不能让你满意。"

太平间里，女人的心抽搐着，可是无论多么痛苦，无论多么懊悔，无论多么自责，都已经唤不醒"沉睡"的男人。她一遍遍地责问自己："为什么要责骂，为什么要逼迫，为什么不能珍惜眼前所拥有的？为什么要用虚荣为生命埋单？"

这就是虚荣心，是一种被扭曲了的自尊心。虚荣心很难说是一种恶行，然而一切恶行都围绕虚荣心而生，都不过是满足虚荣心的手段。虚荣心理是指一个人借用外在的、表面的或他人的荣光来弥补自己内在的、实质的不足，以赢得别人和社会的注意与尊重。它是一种很复杂的心理现象，与自尊心有极大的关系，但也不能说虚荣心强的人一般自尊心强。因为自尊心同虚荣心既有联系，更有区别，虚荣心实际上是一种扭曲了的自尊心。人是需要荣誉的，也该以拥有荣誉而自豪。可是真正的荣誉应该是真实的，而不是虚假的，应该是经过自己努力获得的，而不是投机取巧取得的。面对荣誉，应该谦逊谨慎、不断进取，而不是沾沾自喜、忘乎所以。可见，当人对自尊心缺乏正确的认识时，才会让虚荣心缠身。

虚荣心理的危害是显而易见的。其一是妨碍道德品质的优化，不自觉地会有自私、虚伪、欺骗等不良行为表现；其二是盲目自满、故步自封，缺乏自知之明，阻碍进步成长；其三是导致情感的畸变。由于虚荣给人以沉重的心理负担，需求多且高，自身条件和现实生活都不可能使虚荣心得到满足，因此，怨天尤人、愤懑压抑等负性情感逐渐滋生、积累，最终导致情感的畸变和人格的变态。严重的虚荣心不仅会影响学习、进步和人际关系，而且对人的心理、生理的正常发育都会造成极大的危害。

所以，我们必须制止虚荣心的泛滥，还给心灵一片宁静。对此，给大家提两点建议：

1. 调整心理需要

人的一生就是在不断满足需要中度过的。不过，在某些时期或某种条件下，有些需要是合理的，有些需要是不合理的。要学会知足常乐，多思所得，以实现自我的心理平衡。

2. 摆脱从众的心理困境

从众行为既有积极的一面，也有消极的另一面。对社会上的一种良好时尚，就要大力宣传，使人们感到有一种无形的压力，从而发生从众所为。如果社会上的一些歪风邪气、不正之风任其泛滥，也会造成一种压力，使一些意志薄弱者随波逐流。虚荣心理可以说正是从众行为的消极作用所带来的恶化和扩展。例如，看到很多人吃喝讲排场，住房讲宽敞，玩乐讲高档，为免遭他人讥讽，便不顾自己的客观实际，盲目跟风，打肿脸充胖子，弄得劳民伤财，负债累累，这完全是一种自欺欺人的做法。所以要有清醒的头脑，面对现实，实事求是，从自己的实际出发去处理问题，摆脱从众心理的负面效应。

客观地说，一个有着正常思维的人都会有虚荣心。适度的虚荣心可以催人奋进，关键是看你的心态。成熟的人应该让虚荣心成为一种前进的动力，不要让它盲目膨胀，并为此付出惨重代价。

一次聚会毁掉的幸福

彤彤的幸福可以说毁在了一次聚会上，那次聚会让她觉得特丢脸。

露露算是这些朋友里最漂亮的，聚会时带了个新男朋友，据说是一家大企业的少主，家里在当地很有名望。露露拎了一个LV的包包，时不时地打开又收起来，生怕别人看不见。

琪琪大热的天居然围了一个皮草的小围巾，据说是那个在东北做皮草生意的男友送的，还一个劲儿地和大家说，这种皮草多么贵，保养如何如何讲究，配衣服如何如何难，搞得好像她自己现在就已经是皮草公司老板娘一样。

凯琳倒没穿戴什么名牌，但不停地提她那个既帅又有钱的男朋友，大谈他们的结婚计划：房子要在北京买，结婚旅行要到法国……

彤彤觉得自己最灰头土脸，男朋友在一家事业单位做事，虽说工作还算不错，待遇也挺好，可跟他们一比就显得逊色了，而且长得也说不上多帅。彤彤一边鄙夷着女友们的俗气，一边又对人家羡慕得很。回到家里，她越想越生气，就希望琪琪被她的皮草捂出痱子，露露的男朋友家生意破产，凯琳那个男朋友移情别恋。在心里暗暗诅咒了一遍，彤彤又开始抱怨自己的男朋友没有出息，挣不来大钱。两个人为此吵了一架，气得彤彤第二天一整天都没有吃饭。

彤彤越想越不是滋味，终日郁郁寡欢，竟还为此病了一场。病好以后，她开始了各种理由的抱怨、折磨，男友心力交瘁日沉迷在在网络中打发，只能主动提出分手。

彤彤开始彻头彻尾改变自己，她的眼里只容得下钻石王老五。她与现在的老公是在一个朋友的婚礼上认识的。婚礼结束后第三天，新郎新娘就组织了"答谢饭"。后来彤彤才知道，那顿"答谢饭"主要是新郎一个朋友陈鹏张罗的，为的就是看看自己。陈鹏是某集团公司经理，也算是家族企业，家境殷实。之所以至今未婚，朋友说是因为太挑剔，家庭富裕顾虑就多，思想传统，一直想找一位背景单纯、贤惠持家的太太。

一心想嫁入豪门的彤彤开始"包装"自己。陈鹏不希望找个女强人，很坚持"男主外女主内"，所以彤彤第一次见陈鹏家见家长，就故意明确表示自己在工作上没什么想法，还是觉得家庭更重要。

陈鹏喜欢单纯的女生，彤彤揣摩着说自己最大的爱好就是宅在家里。其实彤彤有一个"特长"——酒量超好。可和陈鹏谈恋爱以后，彤彤一直宣称自己不会喝酒。有一次几个朋友一起玩，有朋友在陈鹏面前说漏了嘴，彤彤马上极力否认，差点翻脸。这段恋爱，让朋友们从祝福变为尴尬。

最终，彤彤与陈鹏修成了正果，两人结了婚。婚后，彤彤按陈鹏的意思辞掉工作，一门心思做个全职太太，但现在说起，彤彤有种"上了贼船"的感觉。

首先是家务问题，以前谈恋爱时，彤彤还可以糊弄，结婚后就纸包不住火了。陈鹏觉得彤彤越来越不理事，即使不需要亲自动手的家务事，也需要人安排统筹，可彤彤一点意识也没有。

最关键的是，彤彤内心里对事业还是比较有追求和想法的，在家当全职太太让彤彤的才华被埋没了。彤彤几次提出想出去工作，但都被陈鹏一口否决了。

如今，两人已经走到了冷战边缘，彤彤感觉自己都要崩溃了。

可以说，彤彤现在每天都在"喝酒"，喝自己那杯当初酿的苦酒。当初她看到别人比自己强，心理开始不平衡，实际是攀比心理在作怪。客观地说，攀比也并非都是坏事。如果能够通过攀比，发现自身的不足，认识自己的独特，承认与别人的差异，确定努力的方向，激发合理竞争的欲望，那么攀比一下又何妨？这样比有什么不好？这样比也能促成进步，这样比完全是可以的。

但是，如果什么都要比，聚在一起就比事业、比地位、比房子、比车子、比银子……非要比出个谁强谁弱，比赢了就扬扬得意、不知所以，比输了就垂头丧气、耿耿于怀，那就是一种心理失衡了。从某种意义上说，这完全是在自找烦恼。有句话说得好：这世上总有人比你拥有的更多、更好，所以在这场较量中，你不可能"赢"。与他人比，你永远只能一时高兴。

生活的道理应该是这样：没必要为了面子让自己活得太累，在人前处处逞强，仿佛自己什么都能做到似的。每个人都有缺陷，要敢于承认己不如人，也要敢于对自己不会做的事情说"不"，这样自然能够获得一份适意的人生。

其实，"攀比"本身没有错，错的是人们对待"攀比"的心态。人一旦有了不正常的比较心，往往意不能平，终日惶惶于所欲，去追寻那些多余的东西，空耗年华，难得安乐。然而，尽管人们都知道"人比人，气死人"的道理，可在生活中，还是要将自己与周围环境中的各色人物进行比较，可是攀来比去，最后除了虚荣的满足或失望之外，还剩下什么？有没有意义？是徒增烦恼，还是有所收获？答案是：毫无意义！

其实，他是他，你是你，他有的你不一定有，你有的他也未必有，生活是自己的，只要自己过得开心、舒适就好，何必与人比着活？

你不是别人，你没有走过他所走过的路，又怎会知道他心中是苦是乐？所以没有必要羡慕嫉妒恨。

你的幸福也许就是一碗白开水，你每天都在喝，何必羡慕别人喝的、带有各种颜色的饮料？饮料未必有你的白开水解渴。

其实，幸福如人饮水，冷暖自知。

所以，别活得太累，幸福的标准因人而异，完全没有必要羡慕别人，只要知道自己的方向，努力朝着这个方向去做，就能体现自己的价值，并收获自己的幸福，而这个价值和幸福也都是别人所无法达到的。

二、轻飘飘的生活 轻飘飘的我

你帮帮我吧，我倒乐得悠闲

一名中国学生以优异的成绩考入美国一所著名大学。初来乍到，人地生疏，思乡心切，饮食又不习惯，他不久便病倒了。为了治病，留学生花了不少钱，他的生活渐渐地陷入了窘境。

病好以后，他来到当地一家中国餐馆打工，每个小时会有8美元的收入，但仅仅干了两天，他就嫌累辞了工。一个学期下来，身上的钱已然所剩无几，于是趁着放假，他便退学回了家。

现如今，他已经年近三十，这在中国来说就是而立之年，家庭和事业都应该趋于稳定了，但他还是像一个没有长大的孩子，没有一份稳定的工作，整日沉迷在网络中打发时间。没钱的时候，他就开始向父母和弟弟、女友要钱，于是女友分手了，父母不想再管了，弟弟只能在电话里"嘱咐"哥哥，然后不断地给哥哥寄生活费。他只要能够找到一座靠山，时刻得到别人的温情就心满意足了。这种活法使他越来越懒惰、脆弱，缺乏自主性和创造性。由于处处委曲求全，他产生越来越多的压抑感，这种压抑感阻止着他为自己干点什么或有什么个人爱好。他反复地责怪父母没钱，没能让他成为"富二代"。

为什么一个当初学习成绩如此优异的人会变成这个样子？通常的情况下，人们会说这个人从小被宠坏了，没有自立性。

从心理学的角度上说，这个人其实是患上了依赖型人格障碍。

依赖型人格障碍是一种最常见的人格障碍，它是一切人格障碍的基础和雏形。依赖型人格障碍的主要成因是，童年早期的依赖需求没有得到足够的满足，从而导致成年期的心理固着在"口欲期"，以至于使一个人的"心理哺乳期"不断延长，有的人甚至处于"终生心理哺乳"状态。依赖性的人常常被别人称为"长不大"、"幼稚"等。

首先，他们中的有些人从小生活在一个家长包办的环境中，父母把本该由孩子决定的事揽过来自己承担，待到孩子长大成人之后，就会具备"知觉型"特点，也就是更善于认知和学习，而不是做决定和判断。这样的人往往优柔寡断、依赖性强，虽然聪明却不善于解决实际问题。

另一种情况是，那些做不了决定的人往往有一种不现实的完美主义渴望，企图把握所有的因素。这让他们变得"前怕狼，后怕虎"，担心在某一个环节上出了差错，或是让身边的人不够满意。而一旦他们做出了计划，也总会把能想到的所有情况都包括进去，最终却由于缺乏创造性，反而失败。

还有一种情况，有的人本来完全可以做决定的，但由于害怕承担责任而放弃了这一权利。他们把决定权交给别人的方式好像在说："你帮帮我吧，我倒乐得悠闲。"

依赖心理其实每个人都有，人是群居性动物，完全失去对他人的依赖根本不能存活。但过分的依赖只能导致病态。当然，我们必须区分病态依赖和普通依赖。美国《精神障碍的诊断与统计手册》中将依赖型人格障碍的特征定义为：

1. 在没有从他人处得到大量的建议和保证之前，对日常事务不能作出决策。

2. 无助感，让别人为自己做大多数的重要决定，如在何处生活、该选择什么职业等。

3. 被遗弃感。明知他人错了，也随声附和，因为害怕被别人遗弃。

4. 无独立性，很难单独展开计划或做事。

5. 过度容忍，为讨好他人甘愿做低下的或自己不愿做的事。

6. 独处时有不适和无助感，或竭尽全力以逃避孤独。

7. 当亲密的关系中止时感到无助或崩溃。

8. 经常被遭人遗弃的念头所折磨。

9. 很容易因未得到赞许或遭到批评而受到伤害。

只要满足上述特征中的五项，即可诊断为依赖型人格障碍。

惯于依赖的人应该认识到，这世界上没有谁是真正的靠山，你真正可以依靠的只能是你自己，只有你自己才是你能依靠的人。

那么要怎样防止自己成为长不大的孩子呢？

1. 纠正习惯

客观地看待，自己的哪些行为是属于依赖性的，把这些记录下来，然后将这些事件按自主意识强、中等、较差分为三等，每周一小结。

对于自己能够自主完成的事情，要坚持下去。

对于自主意识中等的事情，提出改进方法，并在以后的行动中逐步实施。例如，在做某件事时，听从了家人、朋友的建议，但对这些意见不能完全认同，你便应该把不认同的理由说出来，说给你的家人、朋友听。这样，事情中便增加了你自己的意见。随着自己意见的增多，便能从听从别人的意见逐步转为完全自作决定。

对不能独立完成的事情，可采取诡控制技术逐步强化、提高自主意识。诡控制法是指在别人要求的行为之下增加自我创造的色彩。例如，你从女友的暗示中得知她喜欢吃披萨，你为她买一个披萨，这看起来似乎是在"完成任务"，但随着这类事情增多，你会发现这能够给自己带来快乐。如果你能主动提议带女友去郊区度假，或者带她去参加某位你喜欢的艺术家的作品展，就证明你的自主意识已大为强化了。

2. 重建自信

如果只是简单地破除了依赖习惯，而找不到症结所在，那么依赖型人格障碍也可能复发。重建自信就是要从根本上加以矫正。

（1）回想一下，在你的童年时期父母、长辈、玩伴有没有对你说过什么消极的话，譬如"你真笨"、"什么都做不好，还是我来吧"等，这些话肯定对你不成熟的心灵产生了消极影响。那么从现在开始，在做事的时候告诉自己"我不笨，我和所有人一样聪明"、"我可以一个人就把事情做得很漂亮"等，要不断地给自己积极的鼓励和暗示。

（2）选择一些风险在可控范围内的事情去做，每个星期做一项，例如一个人去远郊做短途旅行，独自一人参加某些健康的社交活动等，拒绝依赖他人。通过做这些事情，可以增加人的勇气，改变事事依赖他人的心理弱点。

橡皮人生

小刘今年刚刚 30 出头，研究生毕业以后就留在了学校办公室工作。刚参加工作那会儿，小刘志存高远，激情饱满，任劳任怨。办公室的人员少，工作重，写讲话、写总结、写汇报、写信息、上报材料、督促检查等，还要完成领导交办的任务，包括跑腿打杂、安排吃饭、跟班出差服务等。为了尽可能地完成工作，常常是大家都下班了，小刘还在办公室加班，忙得太晚就躺在办公室的沙发上睡一夜。那时的他虽然辛苦，但感觉很充实，梦想是那么地清晰。

一晃 7 年过去了，小刘还守在原岗位上，没有得到提拔，而他也不再像当初那样激情饱满，拼命工作了。"我只是被职场同化了。大家都是这样，多数都是做一天和尚撞一天钟。你如果拼命干，一方面显得另类，另一方面人家说你急着表现和想提拔，落了这名声却又不能得到提拔。"

现在，小刘机械地上班、下班，"两点一线"。没有了以往的斗志，随遇而安，梦想对他来说已经"一钱不值"了。

很多人都像小刘这样，随着成长而丧失梦想和勇气。他们考虑得越多，胆子就变得越小，于是学会了假装没看见、装作没听到，于是有些事情能过得去就不去争取，有些事情即便不愿意也会说可以，有些事情即便能够做也不尽全力……他们变得越来越麻木，当察觉之时，心灵似乎已经停止了生长。

于是他们从此激情不再，没有神经，没有痛感，没有效率，没有反应。整个人就犹如橡皮一样，不接受任何新生事物和意见、对批评或表扬无所谓，没有耻辱感，也没有荣誉感。不论别人怎样拉扯，我们都可以逆来顺受，虽然活着，但活得没有一点脾气。

如果没有外力的挤压，他们就会懒懒地堆在那里，一定要有人用力地拉着、扯着、管着、监督着，才能表现出那么一点张力，而一旦刺激消失，瞬间便又恢复了原样。

他们往往麻木冷漠，故没有快乐，耗尽心力却不见成绩，人生不但疲惫，更显悲催。

这就是"橡皮人"，无处不在！或许就在你身边，或许你本身业已染上了这种怪病。

那么，"橡皮人"如何才能从病态中解脱出来？还是要自救！

诚然，很多事情是一个社会化的问题，对于大环境我们无能为力，但这并不意味着我们就只能变得更加无为和消极。

提三点建议：

1. 重新设定人生目标，学会调整心态，以现在为起点，向着心中的目标走过去；

2. 重新认识自己，积极把握机会，去挖掘自己的优势和潜力；

3. 认清现状后，尝试改变和创新，寻找新的方向和位置。

其实人的生命是这样的——你将它闲置，它就会越发懒散，巴不得永远安息才好；你充分调动它，它就不会消极怠工，即使你将他调动至极限，它亦不会拒绝；尤其是在你将人生目标放在它面前时，不必你去提醒，它便会极力地去表现自己。所以，如果你还想活得有活力、活得滋润一些，那么无论如何请记住，永远别让心中的美梦中断，要将自己的生命力激发到极限，而不是正值青春，便已饱经沧桑。

我活着是为了什么

于淼曾经是个活泼开朗的女孩，喜爱唱歌跳舞，大学学的是幼师专业，但是她毕业后，父母却把她安排到了一个机关工作。

这份工作在外人看来是不错的，收入高，福利也很好。但于淼觉得机关的工作枯燥乏味，整天闷在办公室里，简直快把人憋疯了。她每天都迫不及待地要回家，可是回到家心情也不好，看见什么都烦。本来想着自己的男友会安慰安慰自己，可是偏偏男友又是个不善言辞的人，向他诉苦，他最多说："父母给你找这么一份好工作不容易，还是先干着吧。"

于淼很郁闷，工作没多久，她的性格就变了，整日郁郁寡欢。就这样一年又一年，于淼越来越觉得自己的人生毫无意义，她不止一次地问自己："我活着究竟为了什么？"没有理想、没有目标，她都不知道自己多久没有真心地笑过了。

人到底是为了什么而活？为了父母，为了钱，还是为了爱情？事实上，人应该是为自己而活。人一生的时间有限，所以不应该一味为别人而活，不应该被教条所限，不应该活在别人的观念里，不应该让别人的意见左右自己内心的声音。最重要的是，应该勇敢地去追随自己的心灵和直觉，只有自己的心灵和直觉才知道自己的真实想法，而其他一切都是次要的。

如果自我感知丧失，那么生活将是苦不堪言的，没有自我的人生必然索然无味。一个人若是失去了自我，就没有了做人的尊严，更不能获得别人的尊重。人活着就是为了实现自己的价值，按照自己的意愿去活，不去迎合别人的意见。每个人都应该坚持走为自己开辟的道路，不为流言所吓倒，不受他人的观点所牵制。

毫无疑问，这是有一定困难的，如果今天周围的压力令你感到难过，那么你是无法完全摆脱这种压力的，人与人之间的影响毕竟存在。但是，不要因此就屈服，活在别人的意愿里，因为这并不表示你自己的"疆界"就已经宣告结束，你也用不着把你的"疆界"缩小。在你心中，也许有些力量正在你内心深处冬眠，等着你在适当的机会发掘及培养。通过这种培养，你可以让自己走到更远的地方。

1. 努力培养自己的特点

在这个世界上，没有两个人是完全相同的。如果你想发展自己的特点，只有靠自己。在这个世界里，"复印本"的人多了，你应该去做自己的"正本"。这并不表示你一定要标新立异，而是要做"独特"的自己。

2. 不要人云亦云

在某些地方，我们必须遵守团体规则。如果我们想被这个文明社会当作有用的一分子，就必须这样。但是，在其他地方却可以自由表现我们的特点，从而显得与众不同。现代生活，很容易犯的一项重大错误就是：开始就估计得过高或行动过度。有许多人之所以购买最新型的汽车，是因为他的邻居买了这样一部新车，或是为了相同的原因而搬入某种形式的新屋居住。这种现象极为普遍。

这里我们要说的是，如果你也急着向别人看齐，那你将无法获得快乐的生活，因为你所过的不是你的生活，而是某个人的生活。

3. 训练使你与众不同的方法

当你在一次社交场合发表某种意见，别人却哈哈大笑时，你是否会立刻沉默不语，退缩起来？如果真是这样，那你要把下面所说的这些话当作一顿美餐好好吸收消化，因为它们将赐给你一种神奇的力量，使你在芸芸众生中保持自己的特点。

（1）承认你有"与众不同"的权利

我们都有这种权利，但许多人却不懂得运用。不要盲从，当你的意见与大部分人不同时，可能有人会批评你，但是一个思想成熟的人是不会因为别人皱眉就感到不安的，也不会为了争取别人的赞许而出卖自己。

（2）支持你自己

你必须成为自己最要好的朋友。你不能老是依赖他人，即使他是个大好人，他也必定首先照顾自己的利益，而且他内心也一定有些问题困扰他。只有你充分支持自己，并加强你的信心，才能使你在人群中保持独特的风格。

（3）不要害怕恶人

几乎所有的人都能够正正当当地做事，只要你给他们公平的机会。然而还是有些所谓的"恶人"有时会用一些不正当的手段争名夺利。这些人利用别人的自卑感，以漂亮的空话治理人群，或恫吓竞争者。你要学习应付讥笑与怒骂，坚守自己的权益，大大方方地表达自己的信仰与感觉。记住，恶人的内心深处其实也很空虚，他的攻击只是防卫性的掩护而已。

（4）想象你的成就

有时你会觉得心情不好，或者跟某些人相处不来，觉得自己是个失败者。不要沮丧，这种情形任何人都有可能遇到。只要你想象出更快乐的时刻，使你感到更自由、更活泼，那就能够恢复信心。如果你的脑海中无法立即浮现这些情景，请你继续努力，因为它是值得你继续努力的。

不当"好人"没关系

晶晶今年要考大学，她是个爱好文学的女孩，很希望能读北师大的中文系。但是晶晶爸爸不赞同，他认为学中文专业毕业以后工作不好找，所以希望她考虑商学院的科系。晶晶想了又想，最后还是决定照爸爸的意思去做。

哥们打电话来，要小伟周末帮着去练摊，可是小伟为了完成手上的那份重要工作，已经连续工作了两个星期，他多么希望这个周末能在家中好好休息一下啊，但是面对朋友的请求，小伟就是无法开口说"不"。

微微并不是个喜欢热闹的女孩，她觉得整天聚会、聚餐实在是浪费时间，但是他的男友却在这方面非常活跃，并且总是要求微微陪他一起去应酬。今天是男友同事的欢送会，明天是男友哥们的生日宴，微微实在不胜其烦，不想再去当花瓶。她想在家里静静地听音乐、看杂志，但是这样，男朋友一定会不高兴，虽然心里极不愿意，她还是选择陪他一起去应酬。

这样的场景是否似曾相识？对有些人来说，他们永远无法开口说那个"不"字，因为不想让别人失望，不想给别人留下坏印象，所以只能一味地取悦别人，乃至被"好人"的虚名压得喘不过气来。

从心理学上说，习惯性地取悦别人是一种强迫行为，这种取悦倾向除了给自己带来不必要的麻烦和压力之外，如果情况严重甚至会导致情绪失控、身心失调。

那么，为什么有些人习惯取悦别人？

人的本性趋向于寻求他人的赞美和肯定，尤其对于有威望或有控制力的对象（如父母、老师、上司、名人名流等），他们的赞美肯定更加重要。取悦者会沉迷于取悦行为所换得的肯定，这很好解释，如果某件事让人有了愉悦的体会，那他就可能持续做这件事，以便继续维持这种美好的感觉。

一般而言，取悦型人格形成于生命早期。当我们还是孩童时，父母、老师是绝对的权威，大部分孩子会试图取悦父母、老师，以获得肯定、安全感。这种看似和谐的关系有时却会因为父母、老师的偏执而变调。如果是父母、老师以此作为奖励——当小孩的行为举止能够让自己满意时，就给予更多的关爱和夸赞，否则就将爱收回，就等于将小孩推上了取悦者的道路，这种条件式的关爱对于小孩的负面影响是非常大的。

这些人长大以后，会对人际关系形成不正确的认知，认为别人的需求、期望比自己的需求、意愿更重要。所以无论如何，他们都不愿意让别人感到失望。因为在他们看来，不将别人视为优先是一种自私行为，而自私的人肯定不会得到别人的关爱。取悦者认为，必须不断做很多事情来取悦别人，这样别人就会喜欢自己、肯定自己。

这种不对等的人际关系使得取悦者本身的生活也随之发生错位。而事实上，没有人可以让所有人满意，人际关系最好的平衡状态是施与受兼备，行事以自我为本位，跟所谓的自私是完全不同的。

取悦者要脱离这种非正常的心理状态，必须认识到：不做"好人"没关系。

也就是说，当事者需要构筑新的自我观念，要告诉自己：我的需要、期望和意见，与别人的同样重要。应该让别人知道，你也有需求，让他们知道，他们也应该承担一点责任来帮你满足这些需求。

这对取悦者来说，可能短时间内无法适应，但仔细想想，让和善成为自我观念的中心，已经让你付出多大的代价？而当健康的自我观念贴近你的真实发生的行为时，你的自尊才会获益更多。增强自尊最直接的方式就是：你的表现就像你理想中的自我。

主见都去哪了

社会上的盲从之事有很多，譬如：都说红茶菌能治百病，于是在较大的范围内喝红茶菌得到了流行；都说甩手疗法能治百病，于是在那一段时间大街小巷都能看到甩手之人；都说吃绿豆能治百病，于是绿豆价格一路看涨……然而，又不过都是来也匆匆去也匆匆，昙花一现而已。诚然，不能全盘否定"都说"的和流行的，但事实一再证明："都说"的未必就是对的，流行的不一定都好。对于这些可以去参考，但盲从要不得。

从心理学上说，盲从心理是指个体屈服于社会舆论的压力，在认识和行为上盲目趋向于别人的期望，放弃自己的意见，转变原来的心态，单纯追求在思想认识和言行举止上跟别人保持一致。用俗语说就是"随大溜儿"。这种心理行为在现实生活较为普遍。

应该说，一般的从众行为是正常的心理现象，人皆有之。但是，如果从众心理带有盲目性、非理性，则不但会对人生发展造成很大的阻碍，也常常会因对事物选择的失误而造成本身的心理疾病。

诚然，坚持一项并不被人支持的原则，或不随便迁就一项普遍为人支持的原则，都不是一件容易的事。但是，一旦这样做了，你就能体现出自己的价值，甚至还会赢得别人的尊重。

你的人生不应该由别人来指手画脚，想想由自己来设计人生和世界，会是什么样？有很多问题，别人说不可以这样，或者以目前的条件不好解决，很多人就不敢碰，但这可能就是我们生活的转折点。

那么，该怎样去掉盲从心理呢？

1. 增强判断能力

在参与某事前，要在头脑中认真思考一下：第一，此事于公众是否有害，第二，此事于己是否有害，然后再决定是否参与。不要听风就是雨，不假思索地随大溜儿。

2. 拿不准就多问

人的认知层面毕竟有限，肯定会有盲点。对于一些自己把握不准的事情，多去征求亲友的意见，从他们那里获得一些启示和开阔一下思路。这样做有助于加强主体意识，选择正确的行动方案。需要注意的是，有时只听某个人的意见，可能他的认知上也会有盲点，所以这个征求的面要扩大、要广泛一些。

3. 确定不下先冷静

如果这时还是确定不下来，不知如何是好。说明这件事对你的影响很大，那么先不要轻易下决定，干脆在心理上先冲个凉，给头脑降降温。不妨出去散散心，在冷静的思考中，增强对社会生活的洞察力。经过一段时间的冷却，再回头看看那件事，或许就能做出正确的判断了。

总而言之，如果一个人真的成熟了，便不再需要怯懦地到避难所里去顺应环境；不必藏在人群当中，不敢把自己的独特性表现出来；不必盲目顺从他人的思想，而是凡事有自己的观点与主张。也许可以做这样的理解：要尽可能从他人的观点来看事情，但不可因此而失去自己的观点。否则，在人生终点，大幕即将落下之时，我们会由衷地感到遗憾，甚至有耻辱之感，因为我们一直活在别人创造的所谓的"跟风文化"之中，我们从没有为自己活过。

人世间最孤独的人

迈克尔·杰克逊走了。众所周知，这位世界级偶像的人生并不快乐，他不止一次说过："我是人世间最孤独的人"。

他说："我根本没有童年。没有圣诞节，没有生日。那不是一个正常的童年，没有童年应有的快乐！"

他5岁那年，父亲将他和4个哥哥组成"杰克逊五兄弟"乐团。他的童年"从早到晚不停地排练、排练，没完没了"；在人们尽情娱乐的周末，他四处奔波，直到星期一的凌晨四五点，才可以回家睡觉。

童年的杰克逊努力想得到父亲的认可，他"8岁成名，10岁出唱片，12岁成为美国历史上最年轻的冠军歌曲歌手"，但却仍得不到父亲的赞许，仍是时常遭到打骂。

从心理学上说，12岁前的孩子，价值观、判断能力尚未建立，或正在完善中，父母的话就是权威。当他们不能达到父母过高的期望而被否定、责怪时，他们即便再有委屈，但内心深处仍然坚信父母是正确的。杰克逊长大后的"强迫行为、自卑心理"等，当和父亲的否定评价有关。

父亲还时常嘲笑他："天哪，这鼻子真大，这可不是从我这里遗传到的！"杰克逊说，这些评价让他非常难堪，"想把自己藏起来，恨不得死掉算了。可我还得继续上台，接受别人的打量"。

其后，迈克尔·杰克逊的"自我伤害"，多次忍受巨大痛苦整容，当和童年的这段经历有关。

杰克逊在《童年》中唱道："人们认为我做着古怪的表演，只因我总显出孩子般的一面……我仅仅是在尝试弥补从未享受过的童年。"

杰克逊说："我从来没有真正幸福过，只有演出时，才有一种接近满足的感觉。"

曾任杰克逊舞蹈指导的文斯·帕特森说："他对人群有一种畏惧感。"

在家中，杰克逊时常向他崇拜的"戴安娜（人体模特）"倾诉自己的胆怯感，以及应付媒介时的恐慌与无奈。

杰克逊直言不讳地承认："没有人能够体会到我的内心世界。总有不少的女孩试图这样做，想把我从房屋的孤寂中拯救出来，或者同我一道品尝这份孤独。我却不愿意寄希望于任何人，因为我深信我是人世间最孤独的人。"

很明显，造成这位天王巨星不幸人生的因素有很多，正是这些因素导致他成了"人世间最孤独的人"，并且孤独地走完了一生。

在这个世界上，感到孤独的人很多，又或者说，每个人或多或少都有些孤独感，然而，千万不要让孤独成为一种常态，这不正常！

　　沉溺于孤独的人害怕与人交往，有时会莫名其妙地将自己封闭起来，逃避社会，畏惧生活，孤芳自赏，无病呻吟。他们没有朋友，更没有知心的朋友；他们喜欢自己更胜过喜欢别人，有些"自恋"的味道；他们骨子里是有些自卑的，总是担心自己不被别人接受，干脆拒绝和别人接触；他们多以家为世界，以电脑、电视为朋友，只有宅在家里才心安，离开了这个环境，就会感到不安全；他们根本不懂得也不知道如何填补自己的心灵空虚。

　　在现代社会，都市林立而起的高楼大厦逐渐使人际交流疏远，邻里关系丧失，人与人之间的距离越来越大。在这样的环境中，每个人或多或少都有一些孤独性格、孤独情绪。同时，机械化的生活模式也使得人们缺少足够的时间与精力培养人际情感，往往交际就只是为了应酬，喝酒就只是为了买醉，回到家中倒头就睡，以此来逃避惹人心烦的琐事。"孤独一族"的成员正在不断发展壮大……

　　这已然成为现代人需要正视的问题，虽然说短暂的或偶然的孤独不会造成心理行为紊乱，但长期或严重的孤独可引发某些情绪障碍，降低人的心理健康水平。孤独感还会增加与他人和社会的隔膜与疏离，而隔膜与疏离又会强化人的孤独感，久之势必导致疏离的个人体格失常。

　　那么，怎样去调节？

1. 学会爱，并享受爱

　　马斯洛的理论告诉我们：没有"爱"，就没有"自我实现"。爱的滋润是生命成长的核心。人只有被爱，被接纳，被归属，被承认，才能产生安全感，才能自信大胆地去探求外部世界，成熟到足以能融入成年人的社会生活中去。所以要开放自我，真诚、坦率地对待他人，主动接近别人，关心别人，以诚相待，扩大交往，孤独感自然消退。

2. 恢复理性

对于自卑造成的孤独，要理性地反省自己，认识到自己头脑中存在的非理性观念，有意识地加以改变。从小事做起，培养自信心，逐步地走向成功。同时也要明白，别人并非都讨厌自己，要勇于敞开自己的心扉，用坦荡、真挚的情谊去和他人交往。当个体体验到交往的快乐时，一个新的自我就代替了孤独。

心锁

莎莎的丈夫两年前不幸去世，她悲痛欲绝。自那以后，她便陷入了一种孤独与痛苦之中。"我该做些什么呢？"在丈夫离开她一个月后的一天，她向医生求助，"我将住到何处？我还有幸福的日子吗？"

医生说："你的焦虑是因为自己身处不幸的遭遇之中，30多岁便失去了自己生活的伴侣，自然令人悲痛异常。但时间一久，这些伤痛和忧虑便会慢慢减缓消失，你也会开始新的生活——走出痛苦的阴影，建立起自己新的幸福。"

"不！"她绝望地说道，"我不相信自己还会有什么幸福的日子。我已不再年轻，身边还有一个7岁的孩子。我还有什么地方可去呢？"她变得郁郁寡欢，脾气暴躁。打这以后，她的脸一直紧绷着。没有人能够真正走进她的内心、她的世界。

人在不开心时偶尔给自己一个独处的空间无可非议，但如果将这种行为长久延续下去，就是一种心理障碍了。事实上，现代都市人已经越来越习惯将自己封闭了。不知从何时起，人们开始对外面发生的事情心怀恐惧，不愿意与别人沟通，不愿意了解外面的事情，将自己的心紧紧地封存起来，生怕受到一点伤害。

自闭性格的人经常会感到孤独。有些人在生活中犯过一些"小错误"，由于道德观念太强烈，导致自责自贬，看不起自己，甚至辱骂、讨厌、摒弃自己，总觉得别人在责怪自己，于是深居简出、与世隔绝。也有些人非常注重个人形象的好坏，总觉得自己长得丑，这种自我暗示使得他们十分注意他人的评价及目光，最后干脆拒绝与人来往。有些人由于幼年时期受到过多的保护或管制，内心比较脆弱，自信心也很低，只要有人一说点什么，就乱对号入座，心里紧张起来。

自闭性格总是给我们的生活和人生带来无法摆脱的沉重的阴影，让我们关闭自己情感的大门。没有交流和沟通的心灵只能是一片死寂，一定要打开自己的心门，并且从现在开始。

1. 要乐于接受自己。有时不妨将成功归因于自己，不在乎他人说三道四，乐于接受自己。

2. 要提高对社会交往与开放自我的认识。交往能使人的思维能力与生活功能逐步地提高并得到完善；交往能使人们的思想观念保持新陈代谢；交往能丰富人的情感，维护人的心理健康。一个人的发展高度决定于自我开放、自我表现的程度。克服孤独感，就要把自己想要交往的对象放开，既要了解他人，又要让他人了解自己，在社会交往中确认自己的价值，实现人生的目标，成为生活中真正的强者。

3. 要顺其自然地去生活。不要为一件事没按计划进行而烦恼，不要对某一次待人接物做得不够周全而自怨自艾。假如你对每件事都精心对待以求万无一失的话，你就不知不觉地把自己的感情紧紧封闭起来了。

应重视生活中偶然的灵感与乐趣，快乐是人生的一个重要标准。有时让自己高兴一下就行，不要为了达到目的、为了解决一项难题而日夜奔忙着。

4. 不要为真实的感情刻意去梳妆打扮。如果你与你的挚友分离在即，你就让即将涌出的泪水流下来，而不要躲到盥洗室去。因为怕对方知道而把自己身上最有价值的一部分掩饰起来，这种做法是没有任何意义的。

生活当中有很多事都是这样的，我们盲目地封闭自己，认为自己一无是处，认为自己很多事情都拿不出手，但是如果有一天你真的打开了封闭已久的那扇心门，遵从自己的心，听取自己心灵的声音，你就会发现原来自己还有那么多连自己都没有意识到的优秀特质。它一直都在我们身上，只不过我们因为封闭自己太久而没有将它很好地利用，而现在我们终于可以靠着这些优点快快乐乐地去生活了。

一个封闭自己的人，他的心永远找不到属于自己的快乐和幸福，尽管那一切美好的东西尽在眼前，但是如果不打开那道封闭的门走出去，那么将什么也得不到。人生是短暂的，我们需要三五知己，需要去尝试人生的悲欢离合，这样的人生才称得上完整。我们没必要在自我恐惧中挣扎，更没必要过于小心翼翼地活着，想去做什么就去做，想去说什么就去说，这样心情才会愉悦起来，生活才不至于因为自闭的单调而失去意义。

自闭性格是心灵的一把锁，是对自己融入群体的所有机会的封闭，自闭性格不仅会毁掉自己的一生，也会让周围的朋友、亲人一起忧伤。总而言之，自闭性格会葬送人们一生的幸福。所以，我们应该勇敢地从自闭的阴霾中走出来，去享受外面的新鲜空气、外面的明媚阳光。在这个生活节奏不断加快的当代社会中，我们一定要走出自闭性格的牢笼，走入群体的海洋。只有这样才能找到真正属于自己的那份自信、幸福和快乐。

其实，只要你愿意打开窗，就会看到外面的风景是多么绚烂；如果你愿意敞开心扉，就会看到身边的朋友和亲人是多么友善。人生是如此美好，怎能在自我封闭中自寻烦恼？我们活着，永远要追寻太阳升起时的第一缕阳光。当我们真正卸掉了自闭这道心灵的枷锁，当我们用愉悦的心情迎接美好的未来，你就会发现一个不一样的世界，一个处处充满友善和温暖的环境。

控制我的另一个我

王燕是个爱斤斤计较的人，容不得别人丝毫冒犯。即便是在市场买菜，她也会因为1角钱与小贩争执起来，互不相让。她的家庭、朋友关系都非常不好，整天缠绕在你吃亏、我占便宜这些毫无意义的琐事上，你争我嚷没完没了。王燕似乎永远都在争长短，又永远都争不出长短。

张海天性敏感，时时徘徊在敏感的旋涡中。今天领导的一个神色不对，明天人家的一句失语，都会使他不停地探究下去，纠缠在心灵之网中，仿佛受到了极大的伤害。总之，无论发生了何事，都会在他心里无限扩大，从而引起心灵的强烈震动，并以各种发泄渠道表现出来。

这就是"小我"在作祟。"小我"是怎么回事？

打个比方说，有些人不愿意帮助他人，不愿与他人分享资讯，甚至去陷害别人，这就是受到了"小我"的控制。因为小我是不允许别人比"我"成功的。

对小我来说，"我"的利益应该是最大的，而分享是个陌生词，除非隐藏着其他动机。所以它对别人成功的反应就好像是别人从"我"这里拿走了什么。

在小我看来，"我"永远是比别人好的。小我渴望的就是这种优越感，而经由它，小我强大了自己。打个比方来说，假如你正打算将某一重要消息告诉某人："我有件大事要告诉你，很重要的，你还不知道吧？"这个时候在小我眼中，"我"已经和他人之间产生了施与受的不平衡：那短短的一瞬间，你知道的比别人多。那个满足感就来自于小我，即便对方各个方面都比你强，你在那一刻也有更多的优越感。生活中，很多人对小道消息特别上心，就是因为这个缘故。非但如此，他们通常还会在表达时加上恶意的批评和判断，这也是受到了小我的指挥，因为每当你对别人有负面评价的时候，优越感油然而生。

无论小我显现出来的行为是什么，背后潜藏的驱动力始终都是：渴望出类拔萃、显得与众不同、享有掌控权；渴望权力、受人关注、索求更多。

我们每个人的内心深处都有一个紧缩着的"小我"，无论有任何异动，"小我"都能首先做出反应，并以自我保护为出发点产生阻抗心理，心理反应严重的还会将其泛化，表现为性情孤僻、自我贬值，有的则喜怒无常、行为夸张。

贪婪、自私、剥削、残酷和暴力……小我的能量令人恐惧。

当然，小我也不能说是"坏人"，它的初衷就是为了完完全全地保护"我"，它很希望事情如你所愿的发生，所以会希望你能听听它的，即便那是坏的、有害的，但小我意识不到这一点。

"小我"是一种客观的存在，人类根本不可能完全脱离它，但却可以控制它，让"小我"与真我达到和谐。事实上，很多人都可以不接受"小我"的控制，比如在某些领域有特殊成就的人，他们可能是教师、医生、艺术家、科学家、美容师、志愿者、社会工作者，等等。他们在工作时，基本可以从小我中解脱出来，这个时候，他们所追寻的不是自我，而是顺应当时之所需。他们专注的是当下，是工作，是要服务的人，这些人对其他人的影响，远超过他们提供的功能所带来的影响。

这样看来，其实那个紧缩的"小我"不过是人们心灵深处的无常而短暂的感觉罢了，并不是一个真实的、坚固的实体。如果我们明白了"小我"竟然是这么的"空无"，就会停止认同它、护卫它、担忧它。如此一来，我们就摆脱了长久以来的痛苦和不快乐。

人们要想走出内心深处的"小我"，有以下几点可供参考。

1. 从伤害中走出来

人的情绪不是由于某一件事情直接引起的，而是因为经受了这一事件的人对事件的不正确的认识和评价，形成了某种信念，在这种信念的支配下，导致了负面情绪的出现。与魔鬼搏斗的人应当留心这个过程中自己不要变成魔鬼。当你长久注视情绪的深渊时，深渊也正在注视着你。有人说，对一点小事就做出强烈的反应是说明内心深处受到过极大的伤害，所言尤是。由于经历中的一些事件对自我造成过很大的伤害，使自我的一部分与周围割裂，从而迷失或紧缩起来，这让人们的神经时时处处紧绷着，生活变成了一场承受与抗争。所以要脱离"小我"的控制，就必须从以往的伤害中走出来。

2. 正视爱

还有一种敏感心理的生成来自于人们天然的对于真爱的向往。由于人们非常渴望被关心、关注、关爱，所以身边的朋友常常是一个微笑、一个眼神、一句关心，甚至只是一句很平常的话语都会引起我们很大的情绪波动，以至于夜不成寐，浮想联翩。这种表现常常来自于童年时缺乏爱的经验，或者是成长中的情感创伤。所有这些经历使得我们更加强烈地需要寻找一位能够给我们带来安全感的伴侣，以冲淡个人生存所带来的恐惧感。

其实，真爱是令人心痛的，真爱能让人超越自我，全然脆弱、开放，因此有时真爱也能带来彻底的毁灭。事实上，我们的不安全感既然是来自于我们的内心，也就是心灵中分裂的自我在作祟。没有谁能够带给我们真正的安全感，我们如果抱着这种心理去寻找爱情，那么伤害将永无止息。其实我们每个人都有自愈的能力，探索心灵深处的自我，倾听内心深处的声音，让那些被压抑着的情绪自然地流淌出来，不管是愤怒、忧伤，还是痛苦、恐惧，当你学会慢慢接受它们，使之成为你自身的一部分，某些改变就会跟着发生。此时你自身就是你极大的安全感来源，自身就会带给你极大的爱的自足。只有我们有足够的能力去爱自己、爱别人，我们才能真正地成长与成熟起来。

3. 扩大自己的社交，广交异性朋友

广泛的社交范围有助于淡化人的敏感心理，使身心更加健康发展。同时，不同的交往类型也可以提供给我们不同的生活经验，在不知不觉间修正我们自身对事物的偏狭看法，使我们变得更加开朗，不拘小节。

4. 不断求知，从书中汲取营养

书中有太多的世态炎凉、太多的人情世故，我们在阅读的时候，如身临其境，领悟到什么是生活中值得尊重和珍惜的东西。由此，我们会真心地对待自己，诚意地对待别人，让生活的每一天都十分宁静。一本好书犹如一所好学校，它教会人用淑雅宽仁去面对世间的一切，远离庸俗和琐屑，它让我们懂得"富贵而劳瘁，不若安闲之贫困"的真正含义。

5. 培养博爱情怀

我们爱自己，才能原谅和接受自己的不完美，爱他人才会从对方的角度考虑事情，多一分谅解和宽容。爱这个世界，才能在心灵深处充满感恩和赞美，使生命走向完满。

哪一个才是真正的我

庄小姐经常会有一种控制不住自己的感觉，每每这种感觉到来之时，她的大脑就会一片空白，偶尔还会出现过激的行为。有一次，庄小姐与刚刚交往的男朋友一起去超市买东西。男朋友想喝红酒，庄小姐刚刚将红酒拿起，突然间神情就变了，然后情绪很不稳定地大喊："不喝不行吗？"把男朋友吓得愣在当场。男朋友不理解：这么一件小事，怎么会引起她这么大的情绪波动呢？回到家中，她向男友坦白，自己十几岁时就开始出现这种情况，她一个人在家的时候，经常会把家里的一些小物件摔碎，只要情绪一不对就想摔东西。而且这种情况是间歇性的，有的时候完全就是个正常人，有的时候她又觉得自己就是一个暴躁狂。她的性格变得很快，上一秒还很开心，下一秒就会变脸。她自己也不想这样，可是没有办法，她也控制不住。她说，自己也知道不应该这样，很后悔。比如和别人发生争执，控制不了就会有过激行为，但是没有伤过人。

庄小姐的男朋友对此很是担心，怕她是人格分裂，因此想要提出分手，但又真的很喜欢庄小姐，两个人都很痛苦。

事实上，庄小姐和她的朋友大可不必过分担心，其实真正的人格分裂非常罕见。所以，我们完全可以放下心来，不必将人格分裂的牌子随便往自己身上套。

客观地说，每个人都会有很多面，人们会用不同侧面对应不同情境。比如，用自信面应付竞争，用脆弱面赢得同情，等等。有时，当人面临强烈的刺激，就会出现轻度的多重人格倾向，这其实是一种适应环境的心理努力。有时，一个人对自己过度压抑，主人格存在缺陷，多重人格倾向就会做出内心渴望做却不敢做的事，这是主人格苍白单调的衍生物。

也就是说，大多数人不过是有一点点这种倾向而已，及时做好调节，当无大碍。

1. 正视影子人格

有时，居住在我们心里的"很多人"只是些影子人格，他们围聚在主人格周围，形成一个缓冲区域，以满足不同环境的要求。这些影子人格就像魔术方块的 6 面，虽然可以自由转换，但毕竟还是魔术方块的有机组成部分。只要魔术方块没有解体，这些影子人格就是有益的，否则，我们岂不成了单面人？接受自己的不同侧面，保持灵活性，可以让你的影子人格不去"闹分家"。

2. 懂得适可而止

面对生活中太多的压抑、无奈和伤害，我们需要释放。我们内心深处在某种程度上都有多重人格的潜质，这种多重性是心灵的润滑油，有利于调试、安抚被环境抑制的自我。但多重人格倾向毕竟是虚弱、恐惧和不安全感的产物，如果一味沉溺于自造的各种假想人格，不但会妨碍快乐的降临，还会产生焦虑等不良心理反应。因此，要懂得适可而止，回归本我，保存好世间那个独一无二的"你"。

三、是什么，让梦想遥不可及

慢半拍

高文斐是一名自由撰稿人，每个月定期向杂志社交稿。已经连续几个月了，他几乎都是在梦游状态中对着电脑消磨时间，到截稿最后期限时，像是打了鸡血般从白天奋战到黑夜。上午刷微博、逛淘宝、跟群里的小伙伴们插科打诨；下午猛戳打折机票，再关注一下国内外的时事要闻，刚有码字灵感，肚子又咕咕乱叫，吃饱喝足后困意上脑……高文斐的一天就这样轻松愉快地度过了。即便在最后关头熬夜，脑子里还是不时闪过不搭调的念头，是不是该打个电话问候一下老妈，甚至手指甲长了影响打字也能成为走神的理由……高文斐苦笑称自己是"重型拖拉机"，深陷在"拖延"的泥潭里不能自拔。

王薇在某外资银行工作，患有轻微的焦虑症，做什么事情都提不起劲来；每到月底最忙的时候，脾气就变得暴躁，发泄的方法就是和群里的网友吐槽；直到快下班时，报表一张也未动，第二天继续焦虑。

孙先生虽然刚过而立之年，却已经拥有一间不小的公司，事业有成。他这样描述自己的困扰："我有一个毛病，做事的时候，总不能当机立断，控制不住地想把事往后拖延。比如，一次跟一家公司谈项目，虽然对方很难搞定，但第一轮谈判很成功。可是到了第二轮，我却开始想拖延，找好多理由迟迟不采取行动，不联系对方，最后还是对方主动合作才成功。还有一次也是为了项目，需要大量资料，我找了很多理由就是为了拖延准备时间，结果这个项目就拖过去了，公司损失很大，差点倒闭。下属对我的行为感到不解，我自己内心也感到十分愧疚，知道都是自己做事拖延导致的，决心改掉这个毛病。可这种情况后来还是经常发生，每次遇到重要事情，我就总找理由拖延。我这是怎么了？"

生活中，很多人都有与高文斐、王薇、孙先生相似的经历，工作任务非要到最后一刻才得以完成，有些要做的事情总是迟迟不做，总是在想，明天再说，明天一定做……该去缴纳水电气费了，结果常常拖到要连滞纳金一起交；要洗的脏衣服都捂臭了还没见水；下午下班前就要交稿子了，却还在忙活着自己的博客和QQ，忙着浏览网页、八卦新闻；本来白天一个钟头就能搞定的工作任务，非要拖到晚上看完电影玩完游戏之后再熬夜赶工。就这样，一直拖到了最后关头才急急忙忙地去做，而且往往还因仓促而造成很多缺憾。生活中的一些小问题也总是拖，总是有意无意地去回避，结果最终小毛病拖成了十分棘手的大问题。这就是拖延症的表现。"以推迟的方式逃避执行任务或做决定的一种特质或行为倾向，是一种自我阻碍和功能紊乱行为"，这是对拖延症的定义，而患上拖延症则是一件很痛苦的事情，因为自己很难摆脱拖延的习惯，往往又因拖延工作而在心理上有负罪感。

事实上，现代都市人的拖延问题非常严重。据一份网络调查表明，80%的大学生自认做事拖延，86%的职场人认为自己慢半拍。在这些人中，有35%只会在琐事上拖延，25%会在一般事务上拖延，40%的人无论大事小情都有可能拖延。因为拖延，他们中间有的人荒废学业，有的人被老板炒了鱿鱼，有的人在事业上功败垂成……

那么，人们为什么会拖延？

过于追求完美、对工作能力的信心不足和单调枯燥的工作任务是导致拖延症的几个主要原因。另外，拖延还与个性有关，如自我控制力差、做事随性、优柔寡断或完美主义者，也容易出现拖延。拖延症的危害不可轻视，拖延症不仅会因拖延耽误工作或学业，影响个人职业的发展，还会影响情绪，破坏团队协作和人际关系。更重要的是，它甚至会拖垮一个人的心理和身体。可是，该如何摆脱拖延心理呢？给拖延的人们提点建议：

1. 时刻提醒：将重点特别标注；

2. 将学习或工作安排在效率最高的时候；

3. 给自己设最后期限；

4. 学习或工作分优先级；

5. 每天至少完成一件你最不想做的工作；

6. 将复杂工作分块完成；

7. 避免工作被打断；

8. 合理制订计划并严格遵循计划；

9. 按时完成，可给予奖励；

10. 劳逸结合。

现代人生活节奏很快，想放松一下的心态可以理解，但如果养成事事拖延的坏习惯，则对自己的事业发展和健康都不利。很多拖延症"患者"才二三十岁就开始高血压，不能不让人怀疑其最后的高效率是以身体过载为代价。合理安排时间是一门学问，拒绝拖延其实并没有你想象的那样困难。

下卷／对症下药：现代人非正常心理行为的纠正调节

怨声载道

小琪是一家公司的行政助理，同事们都把她当成公司的"管家"，大家事无巨细，都来找她帮忙。这样一来，小琪每天事务繁杂，忙得团团转，牢骚和抱怨也就成了家常便饭。

这天一大早，又听她抱怨："烦死了，烦死了！"一位同事皱皱眉头，不高兴地嘀咕着："本来心情好好的，被你一吵也烦了。"

其实，小琪性格开朗外向，工作认真负责，虽说牢骚满腹，该做的事情则一点也不曾含糊。设备维护、办公用品购买、交通信费、买机票、订客房……小琪整天忙得晕头转向，恨不得长出八只手来。再加上为人热情，中午懒得下楼吃饭的人还请她帮忙叫外卖。

刚交完电话费，财务部的小李来领胶水，小琪不高兴地说："昨天不是刚来过吗？怎么就你事情多，今儿这个，明儿那个的？"抽屉开得噼里啪啦，翻出一个胶棒，往桌子上一扔："以后东西一起领！"小李有些尴尬，又不好说什么，忙赔笑脸："你看你，每次找人家报销都叫亲爱的，一有点事求你，脸马上就长了。"

大家正笑着呢，销售部的王娜风风火火地冲进来，原来复印机卡纸了。小琪脸上立刻晴转多云，不耐烦地挥挥手："知道了，

169

烦死了！和你说一百遍了，先填保修单。"单子一甩，"填一下，我去看看。"小琪边往外走边嘟囔，"综合部的人都死光了，什么事情都找我！"对桌的小张气坏了："这叫什么话啊？我招你惹你了？"

态度虽然不好，可整个公司的正常运转真是离不开小琪。虽然有时候被她抢白得下不来台，也没有人说什么。怎么说呢？应该做的，她不是都尽心尽力做好了吗？可是，那些"讨厌"、"烦死了"、"不是说过了吗"……实在是让人不舒服。特别是同一办公室的人，小琪一叫，他们头都大了。"拜托，你不知道什么叫情绪污染吗？"这是大家的一致反应。

年末时，公司民意选举先进工作者，大家虽然都觉得这种活动老套可笑，暗地里却都希望自己能够榜上有名。奖金倒是小事，谁不希望自己的工作得到肯定呢？领导们认为，先进非小琪莫属，可一看投票结果，50多张选票，小琪只得了12张。

有人私下说："小琪是不错，就是嘴巴太厉害了。"

小琪很委屈："我累死累活的，却没有人体谅……"

在现实生活中，有不少人喜欢抱怨。如果偶尔抱怨一下，也不足为奇。但是，若不分时机、场合，经常抱怨这、抱怨那，就属于病态心理了，时间长了就会影响健康。抱怨会使人着急上火，有时甚至会让人丧失理智，失去与困难做斗争的决心和勇气。抱怨所带来的不良后果不容忽视。

成熟的人应该明白，这世间从来没有绝对公平的事情，儿时我们抱怨是因为不懂事，此时我们抱怨或许是出于本能，但至少有一点我们需要注意——抱怨总要分个场合、地点。倘若不管何时何地，无休止地唠叨个没完，那么很有可能毁掉你辛苦建立起来的形象，乃至令你之前所做的努力全部毁于一旦。

其实日常生活中，许多不够聪明的人在感到自己遭受不公平待遇时，就立刻会表现出不满、愤怒的情绪，甚至会暴跳如雷，破口大骂。然而，这些行为只能简单发泄一下自己激动的情绪，于对方却无丝毫无损，不但白白耗费了力气，甚至有可能引来别人的敌视，让自己受到更深的伤害。

有句话说得好："你怎样对待生活，生活就会怎样对待你。"同样的生活，可以是抱怨的，也可以是快乐的，要看你的态度。停下抱怨，享受生活，关爱别人，善待自己，这才是我们该做的事情。

当你想要抱怨时，可以这样做：

1. 当你认为自己为别人做了一切，而他们却不知感激时，你应该这样告诉自己："虽然他们不理解我，但付出总会有收获，至少我还锻炼了自己。"

2. 当你感觉父母不理解你，与他们无法沟通时，你应该这样告诉自己："父母并非想控制我，他们只是望子成龙，他们的初衷是为我好。"

3. 当你觉得老板、上司没有正确看待你的工作成绩，甚至错怪了你时，你应该这样告诉自己："我只要做好自己的事情，就肯定不会被埋没，老板喜欢的是有成绩的人，而不是抱怨的人。"

4. 当你觉得客户不近人情，要求过分时，你应该这样告诉自己："或许是我误解了客户的期待，也许有更好的途径解决问题。"

5. 当你觉得整个世界都在与自己作对时，你应该这样告诉自己："让所有人都理解我太难了，所以还是先调节好自己的心态。"

其实，只要心境转变，着眼于光明面，情绪体验就会大不相同。

黑裙子还是红裙子

"我连在一条黑裙子和一条红裙子之间做出取舍这样的事情都办不好。你看吧,最后我会两件都买上,而这些衣服上个星期我才添置过。工作也是一样。好几年了,我一直在犹豫是留在那个没前途但旱涝保收的岗位上,还是出去闯一闯。在感情上,我也下不了决心和男朋友结合——住在一起,还是分开?生个孩子,还是不要?件件都让人头疼。真要事到临头,我会很随便地仓促做出决定,等待命运替我作决断……"程小姐如是说道。

生活就是无数的选择。可对有的人来说,任何一项选择都会成为一场噩梦。他们像是从莎士比亚戏剧中直接走出来的哈姆雷特一样,患上了典型的慢性犹豫病。

那么,为什么这些人遇到事情总是犹犹豫豫、优柔寡断呢?原因有以下几点。

1. 这些人有认知障碍。犹豫的人可能涉世未深,因而对社会事物的认知缺乏必要经验,这导致他们看问题不够十分准确,于是就会产生"拿不定主意"的心理冲突。尤其是他们所面对的问题较为复杂、颇为重要时,表现得更为明显。

2. 这些人有情绪障碍。犹豫的人可能曾经有过情绪刺激史,他们因为某一问题受过严重的心理创伤,一旦面对类似的事情,便极容易产生消极的条件反射。也就是我们常说的"一朝被蛇咬，十年怕井绳"。

3. 缺少必要训练。在当今这个时代，独生子女越来越多，很多人自幼便备受宠溺，衣来伸手，饭来张口。父母、兄弟，甚至朋友都是他们的依赖对象。这些人步入社会以后，缺少了依赖对象，就会变得不知所措，因而极易出现优柔寡断的心理。

另外值得一提的是，犹豫心理的产生还与教育环境有一定的关联。自幼被管教得太严，这样的人优点是"听话"，缺点是"太听话"，做什么事都循规蹈矩。一旦事情发生了变化，他们就不知该如何是好，因为他们担心自己一旦犯错便会受到责罚，于是就那样一直犹豫着。

那么，怎样才能果断地做出决定呢？

1. 已经做出的决定，就不要反复。我们一旦做出了某个决定或是确定了某一目标，就应该想着在现有的条件下促进成功，而不是一再怀疑自己所做的决定正确与否。

2. 必要时，也要"一意孤行"。诚然，我们的确应该适当听取一下别人的意见，博采众长以为己用，但我们却不能因此而束缚了自己的思维。有些时候，可能有人甚至是大多数人都不同意某件事，而你却对此十分向往，你认为这样做应该是对的，那么你大可以坚定自己的立场。

3. 淡定取舍，权衡利弊。我们的生活中充满了选择，有时会觉得两种选择各有利弊，难以决断。在这种情况下，我们需要遵循的守则就是"两利相权取其大，两害相衡取其轻"。孟子曾经说过："鱼我所欲也，熊掌亦我所欲也，二者不可得兼，舍鱼而取熊掌者也。"假如说我们什么都不想舍、什么都不愿放，就那样迟疑不决，则很可能我们不仅会失去鱼，还会失去熊掌。

记得哲学家培根曾感慨地说："机会老人先给你送上它的头发，当你没有抓住再后悔时，却只能摸到它的秃头了。或者说它先给你一个可以抓的瓶颈，你不及时抓住，再得到的却是抓不住的瓶身了。"所以说，在一些必须做出决定的紧急时刻，你就不能因为条件不成熟而犹豫不决，你只能把自己全部的理解力激发出来，在当时的情况下做出一个最有利的决定。当机立断地做出一个决定，你可能成功，也可能失败，但如果犹豫不决，那结果就只剩下了失败。

一件事情想到了就要赶快去做，千万不要犹豫不定，如果什么事情都要想到百分之百再去做的话，那么你就要落于人后了。有些事并不是我们不能做，而是我们不想做。只要我们肯再多付出一分心力和时间，就会发现，自己实在有许多未曾使用的潜在的本领。要使做事有效率，最好的办法是尽管去做，边做边想。养成习惯之后，你会发现自己随时都有新的成绩：问题随手解决，事务即可办妥。这种爽快的感觉会使你觉得生活充实，因而心情爽快。

无法进行的社交

盈盈重点大学毕业，文静端庄，在别人眼中也是一个不错的女孩子，做事认真，为人朴实，就是有些腼腆害羞。其实盈盈自己也为此感到苦恼。早在上学时，盈盈就害怕在课堂上发言，担心说不好别的同学会取笑，一开口就紧张，脸也红得像苹果一样，讲话也不利索了，如果有个别同学嘲笑她，她就更紧张了，因此她尽量避免在课堂上发言。大学毕业以后，盈盈进入了一家前景不错的公司，经过努力，当上了部门经理，但老问题又出现了。一遇到重要的社交场合，她就开始担心自己不会说话又脸红，怕当众出丑，有时只好找借口推掉，因此失去了很多重要的机会。上司对此颇为不满，盈盈也很痛苦。

事实上，盈盈的问题并不是简单的害羞就可以解释的，她的表现更倾向于一种心理问题，叫社交焦虑障碍，亦作社交恐惧症。对于社交的恐惧，每个人都会有点，比如和领导、和异性、和生人吃饭喝酒时，多数人都会感到有些紧张和害羞，这是正常的心理反应。但如果情况是对一些特定的社交场景感到焦虑或害怕，并产生明显的回避行为，使自己感到痛苦，严重影响了个人的生活或工作，那就不是正常的心理状态了。

今时今日，随着社会的发展，人际交往越来越重要，社交能力对于个人的事业和生活有着决定性的影响，它直接关系到个人一生的幸福。所以，对这种心理疾病的早期发现和有效的防治是十分重要的。

那么不妨自我评估一下，看看自己是否具有社交恐惧倾向。回想一下：

1. 我是不是只要与人交往就会出现紧张和不安感，不敢与人交谈，甚至对视？如果迫不得已要面对面交流，就会面红耳赤，心慌心跳、不停出汗，明知没必要，却不能自控？

2. 我是不是连熟悉的人也害怕交往？总是想方设法找借口，拒绝参加各类聚会，平时极少与人闲聊和攀谈，甚至不愿主动与人通电话？

3. 我的性格是不是偏内向，从小就胆怯，过分注重自身在别人心目中的形象，是不是容易感到自卑？

4. 我是不是感到非常痛苦？虽然在人面前，我极力掩饰自己的缺点，却越掩饰越让自己显得不尽如人意？

如果这样的情况在你身上出现，那么请及时前往专业医疗机构寻求诊疗。

在社交恐惧症的心理调节方面，大家可以按照如下方法去做。

1. 借助榜样力量

多阅读一些名人、伟人的传记（如，林肯、福特、诺贝尔、拿破仑等），用他们的成长和成功经历来激励自己，使自己树立起愿意改变的勇气和信心。这些人的事迹会产生一种榜样效应，使人不知不觉地模仿他们的一些积极的思想和行为。

2. 积极的自我暗示

每天利用10分钟左右的时间，让自己站到镜子前面，看着镜中自己的眼睛，对自己大声说："我可以轻松自如地与别人交往！""我一定能够融入社交！"

每天晚上睡觉前，对自己至少说10遍："我接纳自己，我相信自己！"

不要间断，每次激励自己时，都要细细体验自己内心所发生的变化，感觉一下自己是否相信这些话。

通过这种积极的自我心理暗示，逐步改变内心对自己的否定观念，学会悦纳自己，培养自己的信心。

3. 正确的自我评价

有的人患上社交恐惧症是因为自卑，他们将自己的弱点夸大，以偏概全地来否定自己。其实，每个人资质不同，尽我所能即可。

4. 靠运动缓解紧张情绪

例如，两脚平稳地站立，然后轻轻地把脚跟提起，坚持几秒钟后放下，每次反复做30下，每天这样做两三次，可以用来消除心神不定的情绪。另外，也可深呼吸，以便缓解紧张的心情。

5. 情境练习

想要缓解社交恐惧症症状，可以选择一些有把握的、不会使自己难堪的熟人交往，然后缓解忐忑不安的感觉，循序渐进地尝试着让自己适应，在接受和忍耐中学会适应。

怯场真要命

杜伟从小就不爱说话，因为母亲性格比较温和，所以只是与母亲沟通的多一些。杜伟的父亲比较强势，只要杜伟犯了错，非打即骂。尤其是家里来客人的时候，父亲对杜伟的要求更是十分严格，小小的杜伟在外人面前总是忍受着一种压抑退缩的情绪。

杜伟上学时的成绩普普通通，因为性格内向、腼腆，所以一般不会受到老师的批评，但也很少得到表扬，可以说没有多少人关注他。

杜伟毕业以后就进入了这家公司，工作任务不重，没什么压力，但杜伟的心理却放不开，总觉得自己很幼稚不成熟，没有自我感和思想，和同事们总是格格不入，不能融入他们。杜伟尤其在意别人对自己的看法和评价，遇到一些困难总是容易退缩，不敢放开自己去面对，在人多的场合很不自在，每次遇到开会和大众发言的情况，就无法放松下来，全身紧张。他面部绷紧，眉头紧皱，表情紧张，唉声叹气，喉咙像是被什么东西堵住了一样。

很多人都和杜伟一样，每每开会或发言前都会非常担心，内心恐慌不安。他们害怕即将发生的事情出现最坏的结果，他们似乎时刻都在等待着不幸的到来。具有这种消极心理的人总是有很强的挫败感，会认为某些尚未发生的事存在威胁。这种情况属于心灵成长退缩后引起的恐惧症，常表现为会议恐慌预期焦虑和大众演讲发言恐惧。这种怯场心理不仅会妨碍人的学习和工作，还会损害身心健康，不过却并不难调节。

1. 控制住紧张源

心理学上将引起心理紧张的事物称作紧张源，要控制住怯场心理，就应该消除或制止导致怯场的外界刺激物。用豁达的心态、高度的自信来对待，还可以运用阿Q精神弱化紧张情绪，只要别把事情看得那么重，紧张源的作用就会被弱化。

2. 进行积极的自我暗示

当怯场心理出现时，及时进行积极的自我暗示，鼓励、安慰自己不要心慌。做深呼吸，缓解紧张情绪，抑制自己回避那些紧张源。这就容易使交感神经与副交感神经的机能得到调节，使得心理趋于平和，情绪得到稳定。

3. 适当的辅助调整

在临场前，让大脑得到适当的休息，如散散步、听听音乐，等等。如果之前情绪急躁或睡不好觉，可以在医师的指导下服用一点镇静药。

最没眼光的合伙人

如今，从市值上看，苹果电脑公司已经成为超级企业。一直以来，大家都只知道已故的乔布斯先生是苹果公司的创始人，其实在 30 多年前，他是与两位朋友一起创业的，其中一名叫惠恩的搭档，被美国人称为"最没眼光的合伙人"。

惠恩和乔布斯是街坊，两个人从小都爱玩电脑。后来，他们与另一个朋友合作，制造微型电脑出售。这是又赚钱又好玩的生意，所以三个人十分投入，并且成功地制造出了"苹果一号"电脑。在筹备过程中，他们用了很多钱。这三位青年来自于中下阶层家庭，根本没有什么资本可言，于是大家四处借贷，请求朋友帮忙。三个人中，惠恩最为吝啬，只筹得了相当于三个人总筹款的 1/10。不过，乔布斯并没有说什么，仍成立了苹果电脑公司，惠恩也成为了小股东，拥有了苹果公司 1/10 的股份。

"苹果一号"首次面市大受市场欢迎，共销售了近 10 万美元，扣除成本及欠债，他们赚了 4.8 万美元。在分利时，虽然按理惠恩只能分得 4800 美元，但在当时这已经是一笔丰厚的回报了。不过，惠恩并没有收取这笔红利，只是象征性地拿了 500 美元作为工资，甚至连那 1/10 的股份也不要了，便急于退出苹果公司。

当然，惠恩不会想到苹果电脑后来会发展成为超级企业。否则，即使惠恩当年什么也不做，继续持有那 1/10 的股份，到现在他的身价也足以达到 10 亿美元了。

那么，当年惠恩为什么会愿意放弃这一切呢？原来，他很担心乔布斯，因为对方太有野心，他怕乔布斯太急功近利，会使公司负上巨额债务，从而连累了自己。

惠恩在放弃自己应该承担的责任的同时，也就宣告与成功及财富擦肩而过了。

事实上，像惠恩一样总想着逃避的人并不在少数，许多人都在"躲猫猫"。许多研究心理健康的专家一致认为，适应良好的人或心理健康的人，能以"解决问题"的心态和行为面对挑战，而不是逃避问题，怨天尤人。

从成功学的角度上说，一个人如果不敢向高难度的生活挑战，就是对自己潜能的画地为牢。这样只能使自己无限的潜能得不到发挥，白白浪费掉。这时，不管你有多高的才华，工作上也很难有所突破，职场上遭遇挫折更不是什么新鲜事。

从心理学的角度上说，等着挨打的心情是消极的，那种等待的过程与被打的结果都是令人沮丧的。一个人在心理状况最糟糕的状态下，不是走向崩溃就是走向希望和光明。有些人之所以有着不如意的遭遇，很大程度上是由于他们个人主观意识在起着决定性作用，他们选择了逃避。如果我们能够善待自己、接纳自己，并不断克服自身的缺陷，克服逃避心理，那么我们就能拥有更为完美的人生。

心比天高，命比纸薄

大学毕业后，聪明漂亮的谷雨决心在北京扎根并做出一番事业来。她的专业是服装设计，本来毕业时是和一家著名的服装企业签了工作意向的，但由于那家企业在外地，谷雨经过考虑没有去。如果去了，谷雨就会受到系统的专业学习和锻炼，并将一直沿着服装设计的路子走下去。可是一想到会几十年在一个不变的环境里工作，可能会永远没有出头之日，这点让谷雨彻底断绝了去那里的念头。她在北京找了几家做服装的公司，可大公司不愿意要没有经验的学生，小公司的条件谷雨看不上，无奈只有转行，到一家贸易公司做市场营销。

一段时间以后，由于业绩迟迟得不到提高，谷雨感到身心疲惫，对工作产生了厌倦。心气很高的她感到还是自己干更好，于是联系了几个同学一起做服装生意。本以为自己科班出身，做服装生意有优势，可是服装销售和服装设计毕竟不是一回事，不到半年，生意亏本不说，同学间也因为利益不均闹得不欢而散。

无奈，谷雨只好再找地方打工，挣了钱用于还债。由于对工作环境的不满意，谷雨又换过几个地方。几年下来，她感到几乎找不到自己前进的方向了。专业知识忘得差不多了，由于没有实践经验，再想做已经很难。经历倒是很丰富，跨了几个行业，可是没有一段经历能称得上成功……现实的残酷使谷雨陷入很尴尬的境地，这是她当初无论如何都没有想到的。

像谷雨这样不满足于现状的人总是希望命运能青睐自己，给予自己更多的赏赐。他们怀有"分金恨不得玉、封公怨不授侯"的浮躁心理，往往对未知的事物存在很多幻想，对已经历环境的不足则盲目夸大，不想去适应环境，而是尽量选择逃避。他们一方面对适应环境缺乏足够的自信，另一方面却坚信自己能找到比现在的环境更优越的地方。这种以幻想为主导的思想指导下的行为，其结果就可想而知了。许多人在陷入浮躁这种心理状态以后，经常会被美好的前景所诱惑，就像只看到对面山上青草绿地的小牛，而忽视了脚下的这片青草，有时候也经过一番思想斗争，但最终是以美好幻想的破灭而告终。

显而易见，浮躁是一种并不可取的生活态度。人浮躁了，就会心神不宁，面对急剧变化的社会，不知所为，心中无底，恐慌得很，对前途毫无信心；亦会焦躁不安，急功近利，不断与人攀比，不断加剧焦虑；也有可能会盲动冒险，理智为情绪所取代，一个突出的表现就是：只要能赚钱，什么都愿意做，甚至不惜触犯法纪。

那么，人们为何会如此浮躁呢？

从社会方面讲，主要是社会变革对原有结构、制度的冲击太大。伴随着社会转型期的社会利益与结构的大调整，每个人都面临着一个在社会结构中重新定位的问题，于是，心神不宁，焦躁不安，迫不及待，就不可避免地成为一种社会心态。

从个人主观方面来看，个人间的攀比是产生浮躁心理的直接原因。"人比人，气死人"。通过攀比，对社会生存环境不适应，对自己生存状态不满意，于是过火的欲望油然而生，因而使人们显得异常脆弱、敏感、冒险，稍有"诱惑"就会盲从。

另一方面，它始于心性高傲，成于轻，浮于世。也就是说，过高的心性令个体对自己、对现实产生了错误的认识，于是盲目认为自己就是做大事的料，认为自己就只应该做大事。接着，开始等待做大事的机遇来临，只是这一等，便不知等待了多少个春秋。慢慢地，身边的一切都在改变，曾经的同事如今变成了上司，曾经的穷小子如今已然事业有成……而不变的只有自己的心性。他们依然在高傲地等待着，只是不知还要等待多少个年头……这便是"心比天高，命比纸薄"的症结所在！

其实，克服浮躁心理其实并不困难，那么怎样才能克服浮躁心理呢？

1. 注意比较的客观性

比较是人获得自我认识的重要方式，无可厚非，然而比较要得法，即"知己知彼"，知己又知彼才能知道是否具有可比性。例如，相比的两人能力、知识、技能、投入是否一样，否则就无法去比，从而得出的结论就会是虚假的。有了这一条，人的心理失衡现象就会大大减低，也就不会产生那些心神不宁、无所适从的感觉。

2. 让自己踏实一点

进步需要一点一滴地努力，就像"罗马不是一天造成的"一样，每一个重大的成就都是一系列小成就逐渐累积的结果。而很多时候，我们人生的失误就在于好高骛远、不切实际，既脱离了现实，又脱离了自身，总是这也看不惯，那也看不惯。或者以为周围的一切都与我们为难，或者不屑于周围的一切，不能正视自身，没有自知之明。其实，我们该掂量自己有多大的本事，有多少能耐，要知道自己有什么缺陷，不要以己之所长去比人之所短。

3. 做好人生规划

今天的选择决定明天的处境，有时选择比努力更重要。很多人在辛苦了很久以后才发现，原来这并不是自己想要的工作，或者这份工作根本不适合自己，这说明他们当时的人生选择是盲目的、毫无计划的。

当你进入某一领域以后，再去重新选择，这意味着你前期的努力对你今后的发展没有什么太大帮助和经验的积累。而且过于频繁地选择，会使选择的成本越来越高，所以，为了避免这种情况的发生，在即将踏入社会之时，一定要做好人生规划。

可以通过一些专业的机构、周围的老师和朋友给自己提供一些建议，更关键的是自己通过自我的、真实的、深入的分析，清楚地知道自己到底喜欢什么，追求的终极目标是什么，自己适合干什么。如果能把自己的目标和自身的兴趣有机地结合起来，达到两者的统一，那么人生的发展前景无疑是非常美妙的。

心急吃不了热豆腐

张亮的脾气特别急，有一次老婆让他到副食商店买一种新来的酱油，话还没听完，他就嚷着"知道了，知道了"，推门走了出去。可到了商店，他却傻了眼，原来还没有听清老婆说的是哪个牌子，于是只好回家问老婆。可是问完之后走到半路又回来了，原来是忘记带钱了。工作中，张亮也改不掉这个毛病，总是顾头不顾尾，虽然下了不少功夫，可是鲜有成效，令他很是苦恼。

张亮这种常出现的情绪反应就是急躁，它是人们常出现的情绪反应之一。通常情况下，急躁的人会有如下表现：不论干什么工作，一时兴起马上动手，既没认真准备，又无周密计划，而且一开始就急于见成效，遇到困难时更是烦躁不安；在等候消息时，心情格外急切，坐立不安；处理矛盾和问题时，易鲁莽和冲动；盲目行动，往往事与愿违。当事情遭到挫折时，往往不能冷静分析原因，而是带着更加急躁的情绪，不冷静地进行下一步的活动，结果仍然没有满意的结果，时间长了，就会使人丧失对自己的信心。

急躁的人还易怒。生活中，爱发脾气的人往往性子都很急。而愤怒容易使人失去控制，在盛怒下失去理智，做出伤害自己或他人的行为，

正所谓"急则有失，怒中无智"，偶尔有些急躁是正常现象，这是内在情感的自然表现形式，但如果长期处于急躁的心理状态中，不但对生活和工作影响巨大，而且也会使人心神不宁，出现情绪紊乱。所以做好适当的调节是必要的。

1. 加强素质训练

急躁心理往往与个性密切联系在一起，并形成了习惯性。克服急躁心理，可以有针对性地做一些素质训练，如通过下棋、画画、做小手工艺品等方法，磨炼自己的耐性和韧性，久而久之，自然会养成不急躁的好习性。

2. 加强计划性

做事之前首先冷静思考一番，掌握事情的发展规律，妥当做好充分准备，那么，完成事情的过程就会变得十分有趣。想想看，当事情的发展在你的掌控之中并按你的预计在发展的时候，你会充分享受这个过程，享受这种控制事情而不是被事情控制的感觉。

3. 自我提醒

当出现急躁情绪时，及时地自我提醒，并进行心理上的放松和暗示，告诉自己"我不能急躁"，尽可能通过心理暗示和使自己平静下来。

4. 情景提醒

可在办公室、卧室、书房的显眼位置写上"勿躁"、"慎思"等条幅，情绪急躁时看上几眼。这种特殊的暗示会对平息激动情绪产生意想不到的效果。.

5. 生活调整

适当调整工作与休息的时间，定好锻炼身体的时间，经常散散心，放松紧绷的神经。学会耐心地将一件小事做好，你就不会总出错了。

四、你的爱情错在哪里

疑心生暗鬼

杜宇和于雪是大学同学，二人相恋3年，最后携手走进了婚姻的殿堂。婚后的生活开始很幸福，于雪就像影子一样，一直追随在杜宇的身旁。她曾幸福地说："我要做他的影子，只要他需要我，随时就能找到我。"

然而出人意料的是，数年以后，他们竟离婚了！杜宇告诉朋友："其实我们彼此还深爱着对方，但是这份爱让我太过疲惫，我只能选择放手。"

当朋友问及缘由时，杜宇回答："男人需要应酬，或多或少都要喝点酒，可是她反对，于是我就戒酒。在她面前，只要是不突破底线的事情，我从不坚持。我知道她这是为我好，我应该给予她相应的尊重。久而久之这便成了她的一种习惯，她一直左右着我的生活。或许在她看来，唯有如此才能说明她在我心中的重要。"

"于是你厌烦了，想要摆脱？"朋友问道。

"不，若是如此我们根本不可能将婚姻维持到今天。而且，这种情况下我该感到解脱才对，可为什么心中还会隐隐作痛呢？"

原来，婚后不久杜宇去了一家外资企业，而于雪去了政府部门。杜宇为了赶任务经常需要加班，而于雪一直很清闲。最初，于雪只是抱怨，抱怨杜宇没有时间陪她。时间久了，这种抱怨逐渐升级为猜忌。他加班回家晚，她就等着他，他不回来她绝不睡觉。他回来以后，她就趁着他洗澡的间隙去翻他的口袋，嗅他的衬衣，翻看他的手机……看看能否从中找到一些证据。他上班时，她每天都要打几个电话"关心"一下，却从不顾及他的感受。再后来，她甚至会因为朋友间的一个玩笑信息，追着他盘问半天。

时间久了，他累了，她也累了，生活、事业重重压力之下他实在疲于花费精力去解释，既然两个人在一起猜忌多过于开心，不如暂时分开让彼此冷静一下。一段时间以后，他找到她，希望两个人能够重新开始，重新找回以往的甜蜜、温馨与信任。但是，她拒绝了，她之所以拒绝不是因为不爱，而是因为无法面对。她无法面对他，更无法面对自己，她不知自己被什么迷了心窍，竟去无端猜忌一个如此深爱自己的男人。是她害得他离开，是她害得自己疲惫不堪，她不知该如何去面对这一切，所以只能选择从他的世界中消失……

你是否也曾做得有些过火，将爱禁锢在自己编织的牢笼中，让对方感到无法呼吸？生活中有很多人认为，爱就是紧紧相拥，不留一点空隙，因为一旦有了距离，爱也就疏远了。其实爱情与人一样，需要起码的空间、氧气作为生存条件。将爱紧紧攥在手心里，爱情的一方必然会感到压力十足、会感到难以喘息，这只会逼迫他去逃离。

杜雪的行为，一方面暴露了他在丈夫面前的自卑心理，另一方面也反映了她将自己封闭在这种偏执心态之中，容不下不确定的因素。所以，只要她内心安全感不稳定就会产生控制意念，再由意念转变为行为。他会认为丈夫是我的，必须要控制他、约束他。这最终导致了婚姻的破裂。

俗语说："物极必反。"管得太死，就会使对方产生逆反心理，对方不仅不认为这是爱的表现，反而觉得你太多疑，对自己不信任。你整日疑神疑鬼，他（她）整日提防你，这样的爱会累死人的，在如此狭小的空间里，爱情之火就会窒息的。

其实对爱人的猜疑，不少人都有过，只不过轻重不一，有些人的猜疑心过重，甚至喜欢捕风捉影，听风就是雨，常常给自己树立一个假想敌，对方一有单独外出的机会，或者电话什么的，就怀疑是与情人约会、与情人通话，搞得双方心里都很紧张。我们希望爱人对自己坚贞，希望爱人对自己纯真的心理是正确的，然而过分地看重这一原则，就会对爱人的言行很敏感，正如鲁迅所说的那样："见一封信，疑心是情书；闻一声笑，以为是怀春了；只要男人来访，就是情夫；为什么上公园呢？总该是赴密约"。而现在呢？上网就是与情人聊天，打电话就是与情人联络感情；出外就是与网友约会，仿佛爱人的一切行动只为了一个目标——寻找外遇。

其实大可不必如此紧张，所有的事情自然有他的游戏规则，哪怕通信、科技再发达，这家庭的存续恐怕也不会消失。爱人是以信任为基础的，信任是对爱人最好的尊重，要相信自己的爱人是一个能够正确处理各种事务的人，是一个有着正常判断力的人，是一个懂得感情、懂得尊重、懂得自尊的人，要将爱人当一个真正的有独立人格的人看待。

爱人之间的信任需要双方的共同培植，要从一些细节小事做起，应加强双方的沟通和了解，打消对方的顾虑。在这方面，列宁和克鲁普斯卡娅是我们学习的榜样，他们结婚后，订了一个公约——互不盘问，后来又加上了一条——互不隐瞒。这两条其实不矛盾。互不盘问，就是信任对方，不盘问对方的行踪；而互不隐瞒就是不需对方盘问，自己主动向爱人报告自己的行踪、想法，达到交流感情的目的。有了互不隐瞒，就不必盘问，不盘问对方，双方之间就有了信任感和被尊重感，这些都有助于感情的融洽和家庭的和睦。夫妻之间少些猜疑，多些真诚的交流，要经常交心。有道是："长相知，才能不相疑；不相疑，才能长相知。"当夫妻之间多些坦诚，没有无端猜疑时，就能够做到知心了。

当手机变成手雷

手机是现代人最主要的通信工具，其次还有 QQ 和电子邮箱，检查这些东西，就约等于将他人当成自己，有些"边界不清"的感觉。什么是"边界不清"呢？从心理学上来说，人与人之间是有界限的，不管多么亲密的关系，包括夫妻、父子、母女等，再亲密都需要保持心理和行为的独立性，这个界限是不能逾越的。

遗憾的是，很多人都有这样的习惯：有些人趁对方不注意时翻看短信，又或者是登录对方的社交软件，甚至是打印对方的通话清单，全方位"监视"另一半的人际交往，在发现任何"可疑迹象"以后，立即针对一干"可疑人物"进行盘问。说小点，这是一种不信任；说大点，这也是一种病。

"他老是偷看我手机，怀疑我有外遇，这日子过不下去了！"民政局里，霜霜不满地说道。

霜霜与小明是来办理离婚手续的，原因是小明经常偷看霜霜的手机，这令霜霜感到非常生气。而小明的火气也不小："如果没什么问题，你为什么这么介意我看你的手机。"

霜霜告诉民政局的工作人员，小明偷看她手机的行为已经持续很久了。一开始，她也没有太介意，可是小明的行为越来越夸张。原来，小明怀疑霜霜和一个异性朋友关系暧昧，所以几乎每天都要看她的手机，短信、通话记录、微信、QQ无一遗漏。原本霜霜的手机是不设密码的，但是小明的行为引起了霜霜极大的反感，她设置了密码。可小明仍不罢休，也不知道试了多少次，竟然试到霜霜的手机都死机了。

小明为自己辩解："我是因为在乎她才这样做的。"小明坦言，当初自己追求霜霜着实费了一番力气，他十分在乎霜霜。然而，霜霜与一个男人之间的频繁互动引发了他的警惕。"她跟那个男的经常通电话、发消息，什么都聊，每次都能聊很久。男人和女人这么聊正常吗？"小明还说，有一次，他看到霜霜手机里有一条那个男人发来的信息"我想你了"，他顿时火冒三丈，当场就跟霜霜吵了一架。后来，小明偷看霜霜的手机"上了瘾"，两个人为此不知道吵了多少架。

可以看出，小明内心有着强烈的不安全感，他需要把与他亲密的人纳入他的自我范畴，才觉得可以把握控制。虽然小明的不安全感并非由霜霜产生，但却是由霜霜变得强烈。所以客观地说，霜霜也应该反省一下，自己有些什么行为让丈夫不放心。

那么，偷看手机这个行为到底正常不正常？我们可以从"偷窥"这个角度上分析一下。

前文说过,每个人都有"偷窥欲",只是程度有所不同。爱一个人,想要更多地去了解他,关注他的方方面面,这是很正常的情感反应。但谈及夫妻之间是否适合互看手机这个问题,就要看彼此的接纳度了,没有一定的准则可循。如果说,偷窥手机这个行为不但给自己造成非常多的内心冲突,同时又令对方产生强烈的不满,使彼此关系因此不断地朝着恶化方向发展,那么这个行为就有调整一下的必要了。

客观地说,无论男人女人,偷看对方手机等通信工具的初衷都是因为太爱对方、太爱这个家,生怕对方有外心,他们的心理其实是很矛盾的:既希望自己能够发现点什么,又担心真的发现了什么。这不但是对对方的不信任,也是对自己的不自信。生活经验告诉我们,手中的沙子抓得越紧,会流得越快。爱情和婚姻也是一样,越是想把爱情抓紧,越是得不偿失。用偷看手机里的隐私来测试夫妻感情的忠诚度,并非明智之举。

当你对另一半不放心时,手机就成了手雷。试想一下在超市里,你只是随意逛着,但是超市保安却一直紧盯着你,你一回头,他又马上看向别处。这种分明没做坏事却被人怀疑的感觉,想必是非常不好受的。要知道,不是每一个顾客在看不见的时候就会捡个小便宜,不是每一个老公(老婆)在看不见的时候就会偷情。婚姻建立在信任的基础之上,对另一半产生疑惑的时候,与其偷偷摸摸地做些小动作,不如开诚布公地谈一谈。

爱情路上丢了"我"

在豆蔻年华的小玲对爱情充满了浪漫幻想的时候，爱情不期而至。技校毕业后，她来到一家公司做打字员，与本公司的一个部门经理互生爱慕之情。他比她大 8 岁，他时常像个大哥哥一样照顾她，无论是在生活上，还是工作上。随着时光的流逝，他那一腔的柔情蜜意使单纯的她很快便迷失了自己，觉得再也离不开他了，于是他们同居了。

最初的日子可以说是甜蜜的，小玲将自己的一切毫无保留地奉献给了他，她的爱、她的时间、她的青春……每天除了上班，她的时间都用在做家务上，收拾他们的小巢，为他洗衣服，做好美味等他品尝。这样的日子过了两个月，他渐渐变了，待她察觉到他的变化时，他们之间全没了最初的和谐和挚爱。他不再像从前那样疼爱她、照顾她，反而在家里成了"甩手大爷"，心安理得地享受着小玲的细心侍候，甚至连换液化气罐、修抽水马桶这样的事都由小玲包揽了。承包全部的家务活还不算是最痛苦的，最让她伤心的是他的自私和冷漠。很多时候，下了班他不是马上回家，而是和许多朋友吆喝着去喝酒、玩牌、跳舞，全然不顾小玲在家做好了饭，眼巴巴地正盼他回家。他每次都深夜才归，回来就倒头大睡，对还没吃、没睡的小玲连句道歉的话都没有。可如果小玲偶尔有个应酬，回家晚了，他便摔杯子打碗。慢慢地，小玲的心凉到了极点，他们之间几乎没有了沟通，小玲的生活开始失去了阳光，她变得忧郁、消沉起来。

小玲曾几次收拾好了行李想离开这个无爱的窝，离开这个冷漠的人，可是拎起包又没有走的勇气。当初为了和他在一起，她已经和家里闹翻了，父母已经不再认她这个女儿了，她觉得自己没有脸面再回到父母身边了。可是留在这里呢？她和他在一起像夫妻又不是夫妻，像恋人却没有恋人间的亲密，像朋友却没有朋友间的真诚。小玲对自己的未来感到越来越迷惘了，本该朝气蓬勃的她脸上却布满了怨愤和无奈，使她看上去好像已历尽了人世的沧桑。

小玲的悲剧就在于她在爱情中迷失了自己，她每天生活的主要内容就是围着所爱的人转，完全丧失了自我。她爱得不够成熟、不够理智，她不是在爱中丰富自己、充实自己。一个人如果不能在爱中保持完整的自我，充分体现自我存在的价值，那么这样的爱情就无法持久，就没有生命力，当爱情遇到挫折时，也无法去坚强面对打击。

生活中有很多像小玲这样的女子，她们在爱对方的同时失去了自我，将对方看作自己生活的全部，将得到对方的爱看成是自己生活的唯一支柱。可悲的是，你的爱对他来说反而是一种压力，他会因此从你身边逃开。因此，无论你有多爱对方，都务必要在爱中坚守一个独立、完整、崭新的自我，这样你才能够品尝到爱情的甜蜜。

女人，要依恋不要依赖

姜琪长得漂亮，很多人都这么说，姜琪便越觉得自己与众不同了。

姜琪的丈夫叫马芮。马芮长得人高马大，特别有钱。娶姜琪的那天，整条街都热闹起来，一辆彩车开路，后面一排带花环的高档车随着，仅鞭炮碎片，清扫工就推走了两车。

马芮对姜琪很好，钱随她花，街上唯一的一间精品屋好像是专门为姜琪开的。

一日，姜琪去朋友家打麻将回来，一进院便发觉气氛不对，在门厅里就听见马芮和一个女子的调笑声。

姜琪一脚踹开门，没等开口，却被马芮一脚又给踹了出来。没办法，姜琪只得隔着门喊了几声："你厉害，要鬼混滚到外边去！别在家里闹我的眼睛！"

马芮也听话，从此再也没有把别的女人领回家，只是自己回家的次数越来越少。姜琪依旧是买衣服、打麻将。忽然有一天，姜琪住进了医院，医生说是郁闷成疾，恐怕没有几天活头了。

姜琪把自己的一切都寄托在了丈夫的身上，尽管她得到了物质生活上的一切，可是为依赖付出的代价实在是太惨重了。

女人不要做只会攀缘在成功丈夫身上的凌霄花，万一婚姻出了问题，你灿烂的人生就会落入尴尬境地。每个女人都渴望过美好、无忧无虑的生活，可如果把得到这种美好生活的希望寄托在嫁个成功男人身上，那你就该三思而后行了。

在现在的很多女孩看来，一个女人因嫁了个成功的丈夫而放弃自己的事业和追求，成为全职太太，似乎是一件很值得羡慕的事。可事实是，不是每一个"成功男人"背后的女人都如外人想象的那样幸福。

一些养尊处优的女人表面上风光无限，然而在曲终人散的时候，她们会有更深的寂寞和痛楚留在心的深处，无人知晓。一个女人可以凭着嫁得好而成为他人羡慕的富婆，成为全职太太，也可以有很多的钱，有洋房、汽车、24小时的休闲时间。找到这样的男人是你的眼力，嫁给这样的男人是你婚姻的成功。可是这样的女人背后的故事也很酸很涩，因为成功的不是她，而是她的老公。一个成功的丈夫和他背后的妻子，两者的关系犹如上级和下级。她的顶头上司掌握着她的工资权、任命权和使用权，她虽无近忧却不能没有远虑。她站在阳光灿烂的丈夫的影子中，诚惶诚恐，活得很累，所以说成功男人后面的那个女人不是站着的，而是趴下的。怎么趴下的？累趴下的。这时这些女人肯定在心底里呐喊：我不要汽车和洋房，我要从前的茅屋和渔网。

当这些女人历经种种努力，却感觉仍然被自己依赖的人忽视时，往往自己已不是他身边不可或缺的人了，这时她们才发现自己已和社会产生了严重的脱节，变得落伍了，无法适应社会了。这时的她们即便再有钱，也买不回以前的自信了。

舒婷的一首《致橡树》写得荡气回肠，既有女性的委婉缠绵，又有人格上的自主独立，新时期女性傲然独立而又温柔可人的特点跃然纸上。

依恋而不依赖的女人，就像舒婷笔下挺拔的橡树。"小鸟依人"让男人着迷，因为它是依恋，依恋是亲密与激情的混合体，散发着独具魅力的芬芳。而依赖是一朵艳丽的毒蘑菇，消耗着男人的精力与心情，依赖中的女人大多是可悲而又可怜的。

说一不二的一家之主

徐先生在当地是非常出名的企业家，属于比较典型的"强人"。他在事业上非常要强，在家里也是一样，觉得谁都应该听他的，不容家人有丝毫违逆。这导致他与儿子关系并不是很好，徐先生认为儿子不听话，而儿子则认为父亲太霸道，常将一些想法强加给自己。徐先生的做派甚至连妻子都看不惯，而且他对妻子也是一样，他要求妻子在家照顾孩子，给她足够多的钱，但不允许她干涉他的事。这让他的妻子感觉很累，感觉与徐先生这样的人在一起，一点生活情趣都没有。一家人很苦恼。

像徐先生这样的人不在少数，他们在外所表现出来的"强"与成功，很多人都看得到。比如说在单位上是领导，地位高、有威严；在经济上是富户，买车、买房、买商铺。但别人看不到的是，他们其实一直在压制自身那些"弱"的东西，根本不让这些"弱"的东西表现出来。

其实，像徐先生这一类人最容易崩溃。为什么呢？因为"好强"的个性使他们的"弱"得不到表达，可是如果一个人不懂得适当地示弱，那么他的弹性、宽容度显然就不够了。这就好比你把一根弹簧不断地拉紧再拉紧，不给它放松的机会，那么到了最后这个弹簧就会失去弹性一样，当他们的"强"到了极限时，就很容易走向崩溃。

另一方面，可以说徐先生这样的人完全没有搞清楚自己的角色。在事业上表现出自己强的一面，这无可厚非，因为那里存在着一种竞争的关系；然而回到家中，仍然摆出一副高高在上的样子，这就是把工作角色和家庭角色混淆了，这种行为明显已经"越界"了。

只有张，没有弛，这显然不是人生之道。这世上绝大多数人都不是圣人或伟人，如果一个平凡人非要拿圣人、伟人的标准来要求自己，非要在处处都表现出一副圣人、伟人的样子，那么肯定是要压抑很多东西的。这些东西得不到合理的宣泄，终究是心理健康的隐患。

"强人们"不懂得示弱、不知道放松，久而久之，极易产生两种极端情况：

一是家里家外都发脾气，这种人心理成熟度不高，情绪易波动，缺乏足够的理智。

二是在外人面前彬彬有礼、举止得体，甚至风度翩翩，一回到家中就完全变了一个人，脾气暴躁、随意发火。而如果家庭成员也不自觉地用负面情绪回应他，那么这个家就会变成硝烟弥漫的战场。

所以说，对待情绪这个东西，不能老压着，老压着易崩溃；

老发泄，也不对。应该是该压着的时候就压着点儿，该发泄的时候就发泄点儿，两者都别走极端。

我们应该把工作和娱乐协调好，奋斗和休闲协调好，事业和情感协调好。要远离强人"强迫症"，过丰富而轻松的生活。像徐先生这类人，自我心理调整的最根本原则就是要把工作和生活区分开，别让家庭和事业混在一起。工作、事业上有了压力，感觉自己快要承受不住了，那么回家以后就适当倾诉一下。在家人的理解、支持与安慰下，压力肯定能够得到有效缓解。需要注意的是，这个时候要摆正自己的态度，我们是向家人求助，而非迁怒。一般而言，越是成功的人越放不下身段，家里家外都是如此。严格地说这并不正常，这会严重影响家庭关系。

"强人"们若想处理好工作与生活、事业与情感的关系，就要学会示弱，在家里要懂得示弱，在工作中同样如此。理论上来说，每当你有一次过强的表现以后，都应该再找一次弱的表现机会。其意义在于，让别人知道我们并不是无所不能、无坚不摧，让别人意识到我们也是凡夫俗子，那么别人就会对我们更加宽容，也就会给我们留下更多的回旋余地和后退空间。

家暴面前你沉默了吗

曹菲常被丈夫打得伤痕累累,可是面对媒体的关注她却采取了掩饰回避的态度:"家丑不可外扬,我没有被打,你们不许乱说!"

据居委会主任介绍,曹菲长期遭受丈夫打骂,居委会多次出面调解都没有用。主任说:"我们也是接到邻居举报才知道的。我当初去找曹菲时,她不承认自己被丈夫打。后来有一天,我经过她们家楼下,隐隐约约听见女人的哭喊声,敲开门看见曹菲趴在地上,她丈夫满嘴酒气,这样的事情不知道发生了多少次。"

女人,为什么在家暴问题上总是保持沉默?

男权文化和夫权思想是家庭暴力产生的历史原因。在中国,夫权统治贯穿了数千年的历史,这种历史传统依然深刻地影响当代中国家庭。全国妇联的一项调查显示,在中国家庭中,约30%存在不同程度的家庭暴力,而施暴者九成是男性。

另一方面,部分女人本身的懦弱也使得施暴者越发地有恃无恐。很多女人缺乏自我保护意识,思想观念陈旧,深受"嫁鸡随鸡"、"家丑不可外扬"等传统观念的束缚,从未想到过反抗,也不愿对外人提及,只是默默地祈祷丈夫能够回心转意。结果呢?往往事与愿违。因此,女性的懦弱也是家庭暴力存在和升级不可忽视的原因。

所以说，女人不应该再沉默、再懦弱，应该学会保护自己。

当家庭暴力发生时，首先你可以拨打110报警。

公安机关在接到家庭暴力报警后，会迅速出警，及时制止、调解，防止矛盾激化，并做好第一现场笔录和调查取证；对有暴力倾向的家庭成员，会进行及时疏导，予以劝阻；对实施家庭暴力行为人，根据情节予以批评教育或者交有关部门依法处理。如果伤情严重，受害方可以到公安机关指定的卫生部门进行伤情鉴定，可以到法院起诉实施家庭暴力行为人。

再不济，你还可以求助于媒体。

刘丽是从山西来津当保姆谋生的，后来开了一间养老院。2003年9月，刘丽经人介绍认识了张某并很快结婚。蜜月里，张某对刘丽还算体贴，可婚后两个月，张某猜忌的本性就逐渐显露出来。第一次，张某怀疑刘丽与20多岁的小伙子刘某发生关系，抓住刘丽的头狠命往墙上撞，并不停蹬踏其腹部，导致刘丽的左眼青肿，视力模糊；第二次，张某无故打人，刘丽上前阻止，又被他打得头破血流，两肋疼痛。刘丽提出离婚，但被张某的妹妹和邻居劝下了。

此后，张某更加猖狂，"破鞋"、"窑姐"常挂在嘴边，并时常检查刘丽的内裤。只要他觉得有异样就说刘丽和别人发生关系，不分青红皂白就是一顿毒打。2004年9月初，张某再次诬陷刘丽和别人有染，用手猛抠刘丽的下体，致使其下体流血不止，还扬言要拿刀剁了刘丽。刘丽不得已从家里逃了出来。

事发后她向媒体求助，好心人为她找到了律师，无偿为她提供法律援助。刘丽终于勇敢地向法院起诉离婚，在刘丽的坚持和不懈努力下，张某终于同意离婚。2005年年底，刘丽在妇联的介绍下再次走进婚姻的殿堂。如今夫妻两人共同创业，过着幸福的生活。

说起当年的那段经历，刘丽感慨万千，她说："在表面看似和谐的家庭中，不知道有多少像我当初一样的妇女忍受着家庭暴力，可她们碍于面子和孩子，不敢去反抗，有苦只能往肚子里咽。我想用自己的亲身经历告诉她们，勇敢地反抗，才能获得重生。"

由于不幸的家庭各有各的不幸，我们不能一概而论，开什么灵丹妙药。在此，仅支以下几招，你可以选择适合自己的解决方式来应对家庭暴力。

1. 重视婚后第一次暴力事件，绝不示弱，让对方知道你不可以忍受暴力。

2. 说出自己的经历。诉说和心理支持很重要，你周围有许多人与你有相同的遭遇，你们要互相支持，讨论对付暴力的好办法。

3. 如果你的配偶施暴是由于心理变态，应寻找心理医生和亲友帮助，设法强迫他接受治疗。

4. 在紧急情况下，拨打"110"报警。

5. 向社区妇女维权预警机构报告。这个机构由预测、预报、预防三方面组成。各街道、居委会将通过法律援助站或法律援助点，帮助妇女提高预防能力，避免遭遇侵权。

6. 受到严重伤害和虐待时，要注意收集证据，如医院的诊断证明；向熟人展示伤处，请他们做证；收集物证，如伤害工具等；以伤害或虐待提起诉讼。

7. 如果经过努力，对方仍不改暴力恶习，离婚不失为一种理智的选择。这也是目前摆脱家庭暴力的一种方法。

不管怎样，面对家庭暴力，女人千万不要做沉默的羔羊，你的妥协只会更加助长男人的兽性，使问题日趋严重。

在两性平等的爱情中间，谁也不应该惧怕或奴役对方。千万不要相信他的悔恨、道歉和眼泪。如果他真心爱你，保护你还来不及，为什么要如此摧残心爱的人呢？更何况这种施虐者的治愈率极低，而且不思改过。如果你不当断则断，就会永远徘徊在被他毁灭和他的允诺之间，永无宁日。

五、这个世界让我害怕

幽闭症，我的梦魇

小梅很小的时候，有一次和哥哥姐姐一起玩捉迷藏，躲进了衣柜中。哥哥、姐姐有意吓吓她，他们锁上了衣柜，任小梅在里面哭叫，就是不放她出来，直到他们笑够了……

小梅家是农村的，上大学之前没有坐过密闭式电梯。小梅第一次坐电梯的时候，突然想起了被哥哥、姐姐关在衣柜中的情景，她似乎又变成了当时那个无助的小孩子，她感到一阵阵的害怕。

突然，她想起了前段时间在网上看到的一个视频，视频中，那个可怜的女孩子被失控的电梯门多次挤压，惨得很……

小梅的呼吸越发急促，紧攥的双手颤抖起来，后背满是汗珠，不到一分钟的时间，对她来说却仿佛过了一个世纪一般。

打这以后，每次坐电梯小梅都会充满恐惧，就连电梯超载的提示铃声都能让她呼吸不畅。小梅也知道自己反应过度了，可是她实在无法控制自己内心的恐惧。为了不让别人觉得自己怪异，小梅努力隐忍着自己的恐惧，不再让它随意流露出来，而且为了避免尴尬，她也不再乘坐电梯了。反正学校里的楼都不高，爬几层并不算太累。

然而，当小梅毕业工作之后，才发现了不能乘坐电梯给自己造成的困扰有多么大。小梅所在的公司位于大厦的18层，小梅又不是什么运动达人，可想而知，一个文弱的女孩子每天上下18层楼是多么辛苦的一件事。

因为这个原因，小梅上班经常迟到，而且到了办公室以后，也总是大汗淋漓、气喘吁吁，给领导留下了非常不好的印象，为此，她没少挨领导的批评。小梅心里也难过极了，可是她实在是不敢乘坐电梯，但她又非常珍惜这份薪水高、待遇好、颇具发展潜力的工作。

从小梅的行为表现来看，她是患上了幽闭恐惧症。幽闭恐惧症又称密闭恐惧症，顾名思义，就是会对一些密闭空间产生强烈的紧张感和排斥情绪。当事者在某些情况下，例如电梯、车箱或机舱内，可能发生恐慌症状，或者害怕会发生恐慌症状，他们会因为无法逃离这样的情况而感到恐惧。

像小梅这种情况，应该主动前往专业医疗机构进行诊疗，并积极进行自我调节。

1. 尽量放松自己，利用休息的时间，多多接触大自然，放松日常工作紧张的神经，在视觉上和空间知觉上给自己放一个假。

2. 通过调和呼吸，把自己的局部肌肉逐步紧缩和放松，尤其是体会后期的放松感，调控自己的肌肉紧张程度，以此对抗可能出现的空间恐惧。

3. 进行有氧运动，加速血液循环，给乏味的日常生活注入新鲜活力。幽闭空间恐惧者往往长期待在狭小的空间内不愿与外界接触，有意识、成系统的体育锻炼可以有效消除这一现象。

4. 多增强自己的安全感与自信心，增强自己的心理素质，及时地调整好自己的紧张情绪，试着慢慢地进入到让自己恐惧的幽闭环境，一步一步地，慢慢地进行脱敏。

商场惊心

杜宇身材高大挺拔，长相属于典型的男子汉那种形象。但说起来简直让人难以置信，这么一个大男人竟然会在商场里惊慌失措，落荒而逃。

那是上个月的一个黄昏，下班后的杜宇陪女朋友去商场购物。在商店门前，看着熙熙攘攘的人群，杜宇突然感到有些紧张。在进入商场以后，杜宇的紧张越发严重，来来往往的人们仿佛形成了一股压力不断向他迫近，他有些喘不过气来。

然而，为了不打扰女友的兴致，杜宇决定忍耐着。但是，随着时间的加长，他的紧张与不安越发难以控制。突然，杜宇感到心头一悸，顿时全身就如同火烤一样燥热，强烈的恐惧感和极度的烦躁笼罩着他，他意识到自己已经不能忍受这里的环境了。他告诉女友，自己突然不舒服，需要立刻离开商场。女友这时也发现他面色苍白，额头冷汗津津，表情惊悸不安，一副大祸临头的样子。在女友的陪伴与护送下，杜宇迅速离开商场赶往医院，来到医院门诊时，杜宇的恐惧感已经消退。医生们没有在杜宇身上发现任何异常，连血糖、心电图、脑CT、经颅多普勒、心脏彩超这些检查结果也完全正常。医生们仍然考虑杜宇患的是急性发作性心律失常，要求他接受24小时心电监测，结果仍然正常。

就这样过了一段时间，一切平安无事，杜宇也认为那只是一次偶然。可是不久后的一次同事聚会，他又出现了类似情况。这次，杜宇清楚地意识到，自己是对餐馆里拥挤的人群感到害怕，是害怕人多密集的情形。在发作过后，杜宇立刻前往心理科门诊就诊。在那里，医生们诊断他患的是"场所恐惧症"。

场所恐惧症是恐惧症的一种常见形式，以往称之为广场恐惧症。患者可能因害怕任何处于人多之处的情境而将自己活动的空间局限在家中，使社会功能严重受损。

场所恐惧症在临床上表现出以下7个方面的特点。

1. 易发生于青年男女，女性多于男性，起病多在18～35岁之间。

2. 害怕到人多拥挤的场，如会场、剧院、餐馆、菜市场、百货公司等，或排队等候；害怕使用公共交通工具，如乘坐汽车、火车、地铁、飞机等；害怕单独离家外出，或单独留在家里；害怕到空旷的场所，如旷野、空旷的公园。

3. 恐惧时常伴有明显的植物神经症状，如头晕、晕倒、心悸、心慌、战栗、出汗等；严重时可出现人格解体或晕厥。

4. 有反复或持续的回避行为。

5. 在预计可能会遇到恐惧的情境时便感到紧张不安，称为预期焦虑。

6. 知道恐惧过分、不合理，或不必要，但无法控制。

7. 可分为无惊恐发作和有惊恐发作两种临床亚型。

场所恐怖症产生的原因目前不明确，比较一致的观点是，可能当时的确有一种令当事者害怕的事情发生，本来两者间没有什么关系，但当事者会联想到更可怕的事情，这样就产生逃避行为，而逃避行为使他产生了安全感，于是就形成"害怕—回避"的条件反射。

出现这种症状，当事者应及时前往专业医疗机构进行诊疗，另一方面也好做好自我调节。

1. 要有正确的心理认知。

坚信场所恐怖症出现的恐怖现象没有一件会成为现实，在身体其他方面都健康的情况下，即使感到心慌、头晕，也没有关系，这种症状在经历最初的几分钟后会自行缓解。当事者只要坚持住这段时间即可。也不必担心会因此导致精神失控，因为担心自己会疯的人怎么会疯呢？

2. 要敢于直面恐惧

在行为上，要有"明知山有虎，偏向虎山行"的气魄，要勇敢地走出去，可以先到附近的场所活动，逐渐到一些远的地方；可在家人的陪同下活动，逐渐到一个人活动。总之，不能躲在家里，这样才能克服这种恶性循环。

飘来飘去的眼睛

小婧家境普通，从小好胜，自尊心很强，个性略显偏执，很在意别人对自己的评价。

大学以前，小婧一直是学校的尖子生，因此比较自信开朗，父母也对其寄予很大的期望。如愿考上大学以后，她曾经沉浸在考入重点大学的喜悦中，但好景不长，大一开学才两个月，她已经对自己失去了信心，连续两次与同学闹别扭，功课也不能令她满意。她对自己失望透了。

她自认为是一个坚强的女孩，很少有被吓倒的时候，但她没想到大学开学才两个月，自己就对大学四年的生活失去了信心。她曾经安慰过自己，也无数次试着让自己抱以希望，但换来的却只是一次又一次的失望。

以前在中学，几乎所有老师跟她的关系都很好，很喜欢她，她的学习状态也很好，学什么像什么，身边还有一群朋友，那时她感觉自己像个明星似的。但是进入大学后，一切都变了，人与人的隔阂是那样的明显，自己的学习成绩又如此糟糕。现在的她很无助，她常常这样想："我并没比别人少付出，并不比别人少努力，为什么别人能做到的，我却不能呢？"她觉得明天已经没有希望了，她想难道12年的拼搏奋斗注定是一场空吗？那这样对自己来说太不公平了。

慢慢地，课堂上小婧开始害怕与老师对视，被别人注视时会很紧张担心，对视线里面的人很敏感，不敢抬头去看别人，容易脸红；经常不自觉想一些自认为不健康的事情，特别是在异性面前；平常走在路上看到同学都很紧张，感觉自己的表情很不自然，有时头脑一片空白，不知道该说什么；在家里也会有症状，对父母的目光也会逃避，和亲戚朋友一起吃饭的时候很难受，感觉很自卑，不知道说什么。

小婧的情况在临床上称为目光恐惧症或视线恐惧症，是社交恐惧症的一种。其心理问题的在于过分注重别人对于自己的看法和评价，因此压抑内心一些正常欲望的自然表达；有完美主义倾向，总是希望在他人面前不要出错，因此夸大了社交压力，带来强迫性的视线回避行为。

目光恐惧症主要有三种类型：

1. 对视恐怖

与人对视时会紧张害怕，即使勉强对视，也是躲躲闪闪，一扫而过，看人的时间很难超过1秒钟。有的人对视时还会心慌意乱，大脑空白，说不出话，感觉对方的眼睛里一直流露着"疑惑、生气、反感或仇视"的意味。

有相当一部分人认为自己的目光是"色迷迷"的，有邪念的，或是异样的，看人时会表达出"非分之想"的意思，所以只好眯着眼睛看人或者干脆闭上眼睛，悲观地以为"眼瞎了问题就解决了"。

2. 目光失控恐怖

眼睛总是不能控制地四处乱看，看人时感觉别人不愿被看，像是在生气；看别人的手脚，手脚像是"难受、躲避"。当事者因为"不愿干扰别人"，只好把目光转移到别的目标上，但又马上觉得这一目标太牵扯精力，只能再转移到别处，这样摇头晃脑不停，做任何事情都不能专注。另外还有的人总是感觉眼球像被人牵着，不由自主地随周围人转动，无法集中注意力，深感苦恼。亦有人感到眼球不能灵活自如地转动，目光僵直呆板，看人不礼貌，怀疑眼神经有毛病，反复到医院检查，也查不出器质性病因。

3. 余光恐怖

有的人习惯用眼睛余光看人，特别是在有异性出现时，尤其会紧张、不安，并用余光时不时地偷瞄人家，这个目标常常是异性的胸乳部、阴部，时间一长，积习成癖，难以自控，引起侧面异性的注意和反感。也有的人先是不敢和人对视，只好用余光看人，时间长了，余光看人成了主要症状。

大多数目光恐惧症患者具有某些共同的心态：认为自己的言行受到了监视或嘲笑，感觉自己不正常的目光泄露了内心隐秘的念头，直觉上认为自己的目光表情不符合正常人道德规范，对别人造成了干扰或伤害。他们总是担心自己在众人面前出丑，这类人一般都有很强的自卑感、羞耻心，又极爱面子，很少与异性交往。

之所以出现这种非正常心理状态，是因为心灵成长不够，内心深处缺乏安全感，因而内在心灵不能支撑外在生活的需求，在被人注视或者人多的场合，外界压力变大，心灵不能承受其重，心虚后就会出现紧张不安的情况。

目光恐惧症的自我调节其实并不难，主要还在于心理上的认知。

1. 正确看待

要认识到，对于异性的兴趣和注视是正常的，并不是什么丢人的事，通过健康、愉快、高尚地交往，会使之得到释放与升华。

2. 情境体验

请亲朋好友帮忙，让他们透过你的目光猜测你的心事，然后请大家坦言相告。他们的回答肯定会令你感到之前的担心纯属多余。当然，这要求你在心理上认可他们不会说假话，哪怕是善意的谎言也不会。

3. 满灌疗法

强迫自己在公众面前讲话，练习自我展现的胆量，也可以先跟自己关系亲密的朋友一起做视线接触练习。可以先接触对方眼睛和鼻子之间的三角形区域，不一定非盯着对方的眼睛看。经过一段时间，在你逐渐能自如地表达内心想法时，就会慢慢适应别人的视线，不再惧怕注视对方了。

4. 改变认知

要知道，余光能注意到别人，但别人看不到我们的余光，更不能被我们的余光所刺痛。如果有谁因你的余光而战栗，该寻求心理矫正的就是他了。

总而言之，克服目光恐惧的根本就在于，让自己的思想和思维模式成长成熟起来，慢慢地开始做自己，恢复稳定的自我感，让内心世界逐渐地好起来，内心世界安定稳定了，在别人的注视下，才能随心自然地做自己。

你让我脸红

雯雯被这种情况困惑已经很久了，每天都过得非常压抑。

毕业参加工作以后，雯雯总是感觉自己不如别人，所以不敢多和别人接触，怕别人取笑自己，慢慢地不敢与比自己强的人对视，特别是异性，出现了目光恐惧症。再后来，遇到阳光帅气的男孩就开始脸红，被同事说了一次之后开始加重，与人说话时总是控制不住地想脸红，眼神总是不自觉地关注到异性的隐私部位，自己感觉这样不对，不应该这样，但又控制不住，每天都很压抑难受，害怕别人发现后，自己就没脸继续在单位工作了，每天都低着头走路。最近这段时间，情况又加重了，看到同性也会脸红！甚至有时候在家人面前都会脸红！路上碰到认识的人就会脸红！

雯雯感觉所有人都在笑话自己，内心很压抑。

雯雯的情况基本可以断定为赤面恐惧症。与目光恐惧症一样，都是由于心灵成长不够、自我感缺失所引起的。当事者本身其实知道没有什么可怕的事情发生，也有改变的欲求，希望正常与人交往，但就是做不到。在与人交谈时，可能原本还好好的，但突然间就会像受到了刺激一样，心里"突"的一下，心跳加速，一股热血直往脸上冲，自己难堪不说，还叫别人莫名其妙，导致社交无法正常进行。

这些人的内心很矛盾，一方面他们不敢与人交往，但骨子里其实是渴望与人交往的，所以他们生活得会很累，很沉重。

其实，克服赤面恐惧症也不是什么难事，可以参考以下步骤进行调节：

1. 把导致脸红的场景按由轻到重的顺序写在卡片上，每张一个。

2. 找一个舒适的座位，有规律地深呼吸，让身心进入松弛状态，拿出上述系列卡片的第一张（最轻的），想象上面的场景，越逼真、越鲜明越好。

3. 如果感到心理出现了变化，有脸红的征兆，停下来，然后做深呼吸让自己再度松弛下来。完全放松以后，重复刚刚的场景，如果紧张、脸红，就再停止后放松，如此反复，直至不再脸红为止。

4. 以同样的方法，依照由轻到重的顺序依次体验。注意，必须做到不再不安和脸红，才能进入下一张卡片。

5. 当对所有卡片都不再感到脸红以后，找来一些要好的朋友，再按由轻至重的顺序进行现场锻炼，若在现场出现不安和脸红，同样让自己做深呼吸放松来对抗，直至不再脸红为止。

6. 进入真正的社交活动进行锻炼，由轻到重，倘若出现不安，可依上述方法进行调整。这会使你在社交活动中表现得越来越从容。

当上述步骤全部通过以后，你大体便可以自然地进行社交活动了。

黑暗魔咒

张女士结婚后才发现，丈夫竟然要开着灯睡觉。刚开始，她还想改掉丈夫的这个"坏习惯"，索性就将灯关掉。谁知她丈夫大吼一声，扑到床头就将灯打开了。再看他，已然脸色煞白，呼吸不匀，出了一身的冷汗。

这个晚上，丈夫向他道出了一个深藏已久的秘密。原来，在那个青黄不接的年月，13岁男孩因为实在忍不住饥饿，偷了隔壁村猎户放在仓房里的腌兔肉，恰巧被人家抓了个正着。

那个晚上，他被猎户锁在了仓房中，猎户将一只刚刚用陷阱逮住的狼用铁链拴在了仓房门口。狼一见到他就想上来扑咬，他吓得蜷缩在墙角，那种恐怖至极的气氛简直要让他崩溃了！更可怕的是，那只狼的嚎叫竟然招来了狼群，猎户一家忙于自保，根本无暇顾及他。他被狼群围在仓房之中，那种恐惧、那种绝望，无以复加……

连他自己都忘记了是怎样扑到狼身上的，奇怪的是，这只狼并没有咬他，他解开了拴在狼身上的铁链，将门打开，放狼出去，然后迅速关上门，将仓房中的一个水缸推倒，倒扣过来，自己躲了进去。

他就这样在黑暗中忍受着随时可能被狼群撕碎的恐惧，就这样挨到天明。可以说，他的心理一直处于极限状态。他没有疯掉，已经够坚强了。人的心，最容易受伤害的时候，往往是处于极其孤立境地的那段时间。正是因为这段痛苦的经历，才使得这个男人内心深处对黑暗产生了极其强烈和顽固的恐惧感。

怕黑，这是人的通病，女人居多，男人较少。

按照荣格的理论，怕黑是人类的一种集体潜意识，来源于很久以前的原始生活，那时的人们居住在原始树林，时刻面临着各种动物的威胁，尤其是到了晚上光明消失以后，对于没有坚实的房屋壁垒掩体的人类来说，更是危险纵横。人们不能不怕黑。

也就是说，一般的怕黑并不是心理疾病，而是人的本能，但随着时代的进步，夜晚对于人们来说已经不再是一个充满未知恐惧的世界。可是有一些人仍像被黑暗下了魔咒一般，不敢走夜路，不敢上夜班，不敢在夜里参加任何活动，即使有人在身边，仍然对黑暗产生强烈的恐惧，甚至一到夜晚就开心心慌不安，严重影响自己的生活质量、社会功能，这显然就不正常了。临床上将这种非正常的怕黑心理称之为黑暗恐惧症。黑暗恐惧症的形成原因有很多，大多情况下是因为不良的心理因素引起的。

黑暗恐惧症危害重重，有的甚至成为一生难以解开的"心结"。但是只要积极寻求治疗，并做好自我调节，也并非不可消除。

在黑暗恐惧症的患者群中，有一部分人的恐惧是因为联想过于丰富，凭空想象设置一些可怕恐怖的情境。这样的恐惧症患者在走夜路时，可以想象自己就是黑夜的一部分，而不是在逛鬼屋，这样情绪上可以缓解很多。

黑暗恐惧的心理调节重点还在于心智训练，让自己变得更加自信，自信可以抗拒一切的心理波动。

当事者独自或在亲友的陪同下接触黑暗，假如感觉不安、紧张和害怕，做深呼吸让自己松弛下来。如此反复训练。然后进一步去了解黑暗，再到熟悉黑暗。需要提醒的是，抗拒一样自己恐惧的东西要坚持不懈地练习，不能中断，一断说明从开始就有环节没做好，需要重新来过。

最重要的是，当事者心里一定要愿意承认黑暗并不是不可战胜的，解开魔咒的法宝就在自己手中。

六、心灵瑜伽：
在冥想中松弛下来

没什么值得痛苦

世上没有任何事情是值得痛苦的，你可以让自己的一生在痛苦中度过，然而无论你多么痛苦，甚至痛不欲生，你也无法改变现实。

痛苦是一种过度忧愁和伤感的情绪体验。所有人都会有痛苦的时刻，但如果是毫无原因的痛苦，或是虽有原因但不能自控、重复出现，就属于心理疾病的范畴了。这时如果还不及时调整，一味地痛苦下去，就会出问题——你随时可能崩溃掉。

当下，痛苦俨然已经成为一种社会通病，很多人都在叫嚷着"我好痛苦"！但大家想明白没有：令人感到痛苦的是什么？痛苦又能给人带来什么？毫无疑问，痛苦这种情绪消极而无益，既然是在为毫无积极效果的行为浪费自己宝贵的时光，那么我们就必须做出改变。不过，我们要改变的不是诱发痛苦的问题，因为痛苦不是问题本身带来的，我们需要改变的是对于问题的看法，这会引导我们走向解脱。

有一位朋友刚刚升职一个多月，办公室的椅子还没坐热，就因为工作失误被裁了下来，雪上加霜的是，与他相恋了5年的女友在这时也背叛了他，跟别人走了。事业、爱情的双失意令他痛不欲生，万念俱灰的他爬上了以前和女友经常去散步的山。

一切都是那么熟悉，又是那么陌生。曾经的山盟海誓依稀还在耳边，只是风景依旧，物是人非。他站在半山腰的一个悬崖边，往事如潮水般涌上心头。"活着还有什么意思呢？"他想，"不如就这样跳下去，反倒一了百了。"

他还想看看曾经看过的斜阳和远处即将靠岸的船只，可是抬眼看去，除了冰冷的峭壁，就是阴森的峡谷，往日一切美好的景色全然不见。忽然间又是狂风大作，乌云从远处逐渐蔓延过来，似乎一场大雨即将来临。他给生命留了一个机会，他在心里想："如果不下雨，就好好活着，如果下雨就了此余生。"

就在他闷闷地抽烟等待时，一位精神矍铄的老人走了过来，拍拍他的肩膀说："小伙子，半山腰有什么好看的？再上一级，说不定就有好景色。"老人的话让他再也抑制不住即将决堤的泪水，他毫无保留地诉说了自己的痛苦遭遇。这时，雨下了起来，他觉得这就是天意，于是不言不语，缓缓向悬崖走去。老人一把拉住了他："走，我们再上一级，到山顶上你再跳也不迟。"

奇怪的是，在山顶他看到了截然不同的景色。远方的船夫顶着风雨引吭高歌，扬帆归岸。尽管风浪使小船摇摆不定，行进缓慢，但船夫们却精神抖擞，一声比一声有力。雨停了，风息了，远处的夕阳火一样地燃烧着，晚霞鲜艳的如同一面战旗，一切显得那么生机勃勃。他自己也感到奇怪，仅仅一级之差、一眼之别，却是两个不同的世界。

他的心情被眼前的图画渲染得明朗起来。老人说："看见了吗？绝望时，你站在下面，山腰在下雨，能看到的只是头顶沉重的乌云和眼前冰冷的峭壁，而换了个高度和不同的位置后，山顶上却风清日丽，另一番充满希望的景象。一级之差就是两个世界，一念之差也是两个世界。孩子，记住，在人生的苦难面前，你笑世界不一定笑，但你哭脚下肯定是泪水。"

几年以后，他有了自己的文化传播公司。他的办公室里一直悬挂着一幅山水画，背景是一老一少坐在山顶手指远方，那里有晚霞夕阳和逆风归航的船只。题款为"再上一级，高看一眼"。

当人生的理想和追求不能实现时，当那些你以为不能忍受的事情出现时，请换一个角度冥想人生，换个角度，便会产生另一种哲学，另一种处世观。

一样的人生，异样的心态。换个角度冥想人生，就是要大家跳出来看自己，跳出原本的消极思维，以乐观豁达、体谅的心态来观照自己、突破自己、超越自己。你会认识到，生活的苦与乐、累与甜都取决于人的一种心境，牵涉到人对生活的态度、对事物的感受。你把自己的高度升级了，跳出来换个角度看自己，就会从容坦然地面对生活，你的灵魂就会作出勇敢的抉择，去寻找人生的成熟。

那么，你的心情现在怎样了？请大家一起来重复一下下面这个简单的步骤：

对自己说一句简短的话，说上几遍，每一次要深呼吸，放松。然后对自己说，同时心里想："不要怕。"

深呼吸，睁开眼睛，再轻松地闭起来，告诉自己："不要怕。"

仔细想想这些有魔力的字句，而且要真正相信，不要让你的心仍彷徨在痛苦和烦恼之中。

幸福，就在身边

"我们对自己已拥有的东西很难得去想它，但对所缺乏的东西却总是念念不忘。"

一杯淡水、一壶清茗，其实可以品出幸福滋味；一本好书、一首音乐，足以带来幸福气息；一叠相片、一卷画册，亦可领略幸福风景。幸福与物质没有多少关系，它更多的是一种精神追求，追求的是心灵上的充实。

幸福是一种积极的冥想，它是对生活的珍惜，对内心的自足。清晨，一缕阳光铺进房间，一睁开眼看到爱人在忙碌，做积极冥想的人会在潜意识中感到这是一种幸福；夜晚，带着一身疲惫回到家中，看到爱人做好饭菜在等候，做积极冥想的人会在潜意识中感到这是一种幸福；就算是在酷热的夏天喝上一杯凉开水，做积极冥想的人也会觉得这是一种幸福……只要你的心态积极，幸福无时不有、无处不在。

其实，生活的现实对于每个人本来都是一样，但一经各人不同"心态"的诠释后，便代表了不同的意义，因而形成了不同的事实、环境和世界。心态改变，则事实就会改变；心中是什么，则世界就是什么。也就是说，心情的颜色会影响世界的颜色。如果我们对生活抱有一种达观的态度，就不会稍不如意便自怨自艾，只看到生活中不完美的一面。我们的身边大部分终日苦恼的人，或者说我们本人，实际上并不是遭受了多大的不幸，而是自己的内心素质存在着某种缺陷，对生活的认识存在偏差。

有位朋友干什么都不顺利，濒临崩溃，他觉得自己的人生暗无天日，似乎已经找不到活下去的理由。他找到冥想老师，向对方诉说着自己的失意与苦恼。

冥想老师听完他的抱怨，取来一张中间带有黑点的白纸："先生，用你的心去看，你看到了什么？"

"不就是一个黑点吗，还有什么？"他感到莫名其妙。

"这么大一张白纸你都没有看到？"冥想老师故作惊讶，"那好吧，既然你眼中只有黑点，就盯着这个黑点看2分钟。记住！不能将眼睛移向别处，看看你会有什么发现。"

他依言而行。

"黑点似乎变大了。"

"是的，如果将眼睛集中在黑点上，它就会越来越大，乃至充斥你整个人生，这是非常不幸的。"说着，冥想老师又取来一张黑纸，中间部位画有一个白点："你再看看这张。"

他似乎有所领悟："是个白点，如果我一直看下去，它也会越来越大，对吗？"

"非常正确！如果你的心能够在黑暗中看到光明，并将它集中在光明上，你的世界也会越发明亮起来。"

人这一辈子，短暂也好，漫长也好，都需要用心去感悟、用心去品味、用心去经营。人生是一个在摸索中前进的过程，既然是摸索，就免不了有失误，免不了要受挫折。事实上，没有人能够不受一丝风霜地走完人生。只不过，在相同的境况下，人们不同的心态决定了各自的人生质量。

有的人其实一直生活在幸福中，却总是感到备受煎熬，因为他习惯了冥想生活中的"黑点"：某一个困难、某一次挫折，甚至可能就是一点点的不如意，就会唤起他们的消极想象，心灵被一种渗透性的负面因素所左右，黑点被越放越大，遮住了生活中原本的美好。其实，这种"糟透了"的感觉并不是事实，而是一种被严重夸大的、歪曲的消极意识和心理错觉。这种惯性的却又十分荒谬的心理倾向，其实正是使我们心灵备受煎熬的罪魁祸首。

真正快乐的人都善于做积极冥想，他们看到的多是生活中的"白点"：哪怕处在人生的低谷，也在接受生命中的阳光。在他们看来，跌倒了并不可怕，重要的是懂得站起来时手里能够抓到一把沙。跌倒了的确会痛，但快乐的人转念一想，手中抓了一把沙也是一种收获，尽管这把沙子看上去毫不起眼，可是积累多了也能聚沙成塔。

生活永远是这样矛盾辩证统一的，翻手为云，覆手为雨。在同一环境下，不同的冥想会得到不同的心境。

如果有火柴在你的口袋中燃烧起来，可以这样去冥想：感谢上苍，幸亏我的口袋不是火药库。

如果有穷亲戚来找你，可以这样去冥想：幸亏来的不是警察。

如果你的手指被扎了一根刺，可以这样去冥想：幸亏没有扎在眼睛里。

如果你的一颗牙疼，可以做这样的冥想：幸亏不是满口牙疼。

如果你要去郊游，途中突然下起了雨，让人扫兴极了，可以这样去冥想：老天真是照顾人，这么热的天怕我中暑，及时来降温。

米煮熟了，却忘了关掉电源，结果饭糊了，锅底结了一层厚厚的锅巴，别懊恼，可以这样去冥想：真好，可以吃到一顿纯绿色、原汁原味的锅巴了。

就算是事业失败，你也可以把它冥想成成功路上的垫脚石，这样的故事有很多很多。

……

生命中的每一时刻，都去做这种积极的冥想，会给我们的人生注入强大而神奇的精神力量。当困境来临之际，你就有能力将困境带来的压力升华为一种动力，将能量引向对己、对人、对社会都有利的方向，在获得心理平衡的同时，接近人生的成功。

这种积极的冥想其实就是给我们的生活一个假设，假设"黄连"可当"蜂蜜"尝，假设棚顶滴水亦可做琴声听，假设不幸就是幸运……这样转念一想，你眼前的镜像就会大不一样。从某种意义上讲，这是给我们的心灵一种追求和期待，是一种心境的胜利和收获。

把药裹进糖里

有人说，人之所以哭着来到这个世界，是因为他们知道，从这一刻起便要开始经受苦难。这话说得挺有哲理。可是，人的一生不能在哭泣中度过，发泄过后你是不是要思考一下：怎样才能让我们的人生走出困境，焕发出绚丽的色彩，让自己在生命的最后一刹那能够笑着离开？这需要的是一种积极的心态。

在激烈的角逐面前，就算曾经在某一领域无往不利、叱咤风云的人物也难免惊慌失措，做出错误的判断。失败只是人生的一种常态，不同的是，有些人在困境面前能够不受客观环境影响，不仅没有被击倒，反而将人生推上了更高的层次；有些人则很容易萎靡不振，把人生带入深渊。逆境，就是一种优胜劣汰。

前者甚至可以被撕碎，但不会被击倒。他们心中有一种光，那是任何外在不利因素都无法扑灭的对于人生的追求和对未来的向往；将后者击倒的不是别人，而是他们自己，是他们的冥想中没有了信念，熄灭了心中的光。

心中有光，就会有信念，就会有力量！

曾见过这样一位母亲，她没有什么文化，只认识一些简单的文字，会一些初级的算术，但她教育孩子的方法着实令人称赞。

她家的瓶瓶罐罐总是装着不多的白糖、红糖、冰糖，那时候孩子还小，每每生病一脸痛苦，她都会笑眯眯地和些白糖在药里，或者用麻纸把药裹进糖里，在瓷缸里放上一刻，然后拿出来。那些让小孩子望而生畏的药片经这位母亲那么一和一裹，给人的感觉就不一样了，在小孩子看来就充满诱惑，就连没病的孩子都想吃上一口。

在孩子们的眼中，母亲俨然就是高明的魔术师，能够把苦的东西变成甜的，把可怕的东西变成喜欢的。

"儿啊，尽管药是苦的，但你咽不下去的时候，把它裹进糖里，就会好些。"这是一位朴实的家庭妇女感悟出的生活哲理，她没有文化，但却很懂生活。

这是一种"减法思维",减去了药的苦涩,就不会难以下咽。如今,她的孩子都已长大成人,也都有了自己的家庭,但每当情绪低落的时候,就会想起母亲说的那句话:把药裹进糖里。

她只是个普通的家庭妇女,在物质上无法给予子女大量的支持,但带给他们的精神财富却足以令其享用一生。她灌输给子女的是一种苦尽甘来的信仰,把生活的苦包进对美好未来的冥想之中,就能冲淡痛苦;心中有光,在沉重的日子里以积极的心态去冥想,就能够改变境况。

不知大家有没有读过三毛的《撒哈拉的故事》,那里充满了苦中作乐的情趣,领略过后,恐怕你听到那些憧憬旅行、爱好漂泊的人说自己没有读过"三毛",都会觉得不可思议。

这本书含序一共14个篇章用妈妈温暖的信启程,以白手起家的自述结尾。在撒哈拉,环境非常之恶劣,三毛活在一群思维生活都原始的撒哈拉威人之中,资源匮乏又昂贵,但她却颇懂得做快乐的冥想。尽管生活中有诸多的不如意,但只要有闪光点,她就会将其冥想成诙谐幽默的故事,然后娓娓道来,引人入胜。

在序里,三毛母亲写道:"自读完了你的《白手成家》后,我泪流满面,心如绞痛,孩子,你从来都没有告诉父母,你所受的苦难和物质上的缺乏,体力上的透支,影响你的健康,你时时都在病中。你把这个僻远荒凉、简陋的小屋,布置成你们的王国(都是废物利用),我十分相信,你确有此能耐。"

如果有时间,建议你买一本来看看,去了解一下那些苦中作乐的故事,那里有很多的不容易,但都被三毛轻松地带过了。

毫无疑问,三毛以及那位普通的母亲都是对生活颇有感悟的人。其实生活就是一种对立的存在,没有苦就无所谓甜,如果我们都懂得在不如意的日子里给痛苦的心情加点糖，就没有什么过不去的事情。

其实我们完全可以把人生冥想成一个"吃药"的过程：在追求目标的岁月里，我们不可避免地会"感染伤病"，你可以把药直接吃下去，也可以把它裹进糖里，尽管方式有所不同，但只有一个共同的目的：尽快尽早地治愈病伤，实现苦苦追求的目标。将药裹进糖里减轻了苦痛的程度，在生命力不济之时不妨试试这个方法。

生活十分精彩，却一定会有八九分不同程度的苦。作为成熟的人，应该懂得苦中作乐。痛苦是一种现实，快乐是一种态度，在残酷的现实面前常做快乐的冥想，便是人生的成熟。世界不完美，人心有亲疏，岂能处处如你所愿？让自己站得高一点，看得远一点。赤橙黄绿青蓝紫，七彩人生，各不相同；酸甜苦辣咸，五种滋味，一应俱全；喜怒哀乐悲惊恐，七种情感，品之不尽。成熟就是阅尽千帆，等闲沧桑，苦并快乐着。

财富、幸福、痛苦

所有的生命都希望拥有幸福，包括动物。

在过去，按照绝大多数人的惯性逻辑，幸福就是物质上的丰足，即只要我有钱，就没有理由不幸福。后来的启蒙运动更是给西方人灌输了这样一种理念：幸福不决定于精神，而决定于物质，如果单纯地从精神上去寻找幸福，那就等于在没有幸福的地方寻找幸福，无异于天方夜谭。受到这种文化的影响，越来越多的人把追求幸福的重点转向了追求物质。

但是，到了今天，物质生活越来越丰富，文化水平越来越高，人们在寻找幸福的道路上却愈发地迷失了。

针对这种情况，欧美一些社会科学家把"人类的幸福指数"首次作为课题，开始进行深入研究。自从有了这个比较可靠的科学数据以后，人类的幸福指数一直在下滑。

为什么会出现这种情况？为什么有了财富却还是不幸福？这需要我们深入分析一下痛苦与幸福的本质。

从某种角度上说，有稳定的收入会让人感到幸福；有和睦的家庭会让人感到幸福；有花不完的钱会让人感到幸福；有无上的权力会让人感到幸福……但这些，其本身并不是幸福，它只是有可能会使人产生一种短暂的幸福感。

幸福的本质不属于物质范畴，而是一种内在感受，它有时与物质有关，有时根本与物质毫无瓜葛。痛苦也是一样。幸福不会嫌贫爱富，痛苦也不会专拣穷人欺负，譬如皇帝有皇帝的苦，乞儿有乞儿的乐，就是这个道理。

所以说，要拥有幸福而消除痛苦，最关键的就是要聆听心的声音。

在奥地利有这样一位富豪，他拱手送出了自己总价值300万英镑的巨额资产，因为他逐渐意识到财富不再使自己快乐。

这位富豪叫卡尔·拉伯德尔，靠从事家具和室内装潢起家。他先后变卖了自己价值140万英镑的豪宅和占地17公顷的农场，以及自己收藏的 6 架滑翔机和奥迪 A8 豪华座驾，并且将所得一分不留地捐给了慈善机构。

卡尔做出这种举动，源起于一种感觉，他感觉自己快要沦为财富的奴隶了。

卡尔说："我出生在一个非常贫穷的家庭，从小就认为物质越丰富，生活越奢侈，人就会越幸福，这么多年一直都这样。但随着时间的推移，我慢慢产生了相反的感觉，我感到自己正逐渐成为财富的奴隶。"

然而，卡尔也表示，自己很长时间都没有足够的"勇气"做出这个决定。

他真正的转变是与太太在夏威夷岛度假期间。

"当我意识到五星级生活方式是多么恐怖、毫无灵魂和感觉的时候，我惊呆了。"卡尔回忆道。"在那三周里，我们尽情挥霍，但我感觉我始终没有碰到一个真正的人，我们都是演员。工作人员扮演友好的角色，客人则扮演重要的角色，没有一个人是真的。"在随后的南美和非洲旅行中，卡尔说他产生了类似的愧疚感："我越发觉得，我的财富和那里人民的贫穷之间是有联系的。"

这让他觉得只有散尽钱财才能安心，"如果不把财富散尽，我肯定无法安心度过下半生。"卡尔说："我打算什么都不留，因为金钱往往会起反作用，它不会让你真正感到快乐。当然，我没有权利给其他人任何建议，我之所以这样做，只是听从了自己内心的声音。"

在散掉大部分财产以后，卡尔终于体会到了自由与轻松，他现在搬进了山上的一间小木屋里，过着简单的生活，但内心却舒畅了许多。

有了财富的人反而要去追求精神上的满足，可见物质财富与幸福并不存在直接关系。

　　财富应该是为幸福服务的。客观地说，没有财富，我们的生活会很困难，这种情况下去说幸福，未免有些自欺欺人。所以对于财富的态度应该是：既要追求它，也要保持一颗平常心。

　　遗憾的是，很多人往往忽略了心灵上的供氧，而仅仅注重物质单方面的发展，这是个错误的方向，最后只能离幸福越来越远。所以我们看到，人类在物质方面虽然取得了空前的成功，发达程度超过以往任何一个时代，但心灵危机也是以往任何一个时代所无法比拟的。

　　因而，摆在现代人面前最重要的课题应该是如何保持精神与物质的平衡发展，获取身与心的幸福双丰收。这个问题并非一朝一夕就能解决的，但我们仍可以用冥想持续给予心灵营养与安慰。

想开了，一切都很简单

　　一个人若要活得长久些，只能活得简单些；若要活得幸福些，只能活得糊涂些；若要活得轻松些，只能活得随意些。其实生活本没有那么复杂，只是我们把它变得复杂了。生活给予每个人的快乐大致上是没有差别的：人虽然有贫富之分，然而富人的快乐绝不比穷人多；人生有名望高低之分，然而那些名人却并不比一

般人快乐到哪儿去。人生各有各的苦恼，各有各的快乐，只是看我们能够发现快乐，还是发现烦恼罢了

当你静下心来冥想生活，你会发现简单的东西才最美，而许多美的东西正是那些最简单的事物。只是我们总是让自己背负太多，带着沉重的包袱走人生，越累越不肯放，越不肯放，脚步越沉重。其实，生活根本不需要太多纷扰，也不需要太多的欲望和执着。简单而纯粹，这才是生活的本色。

有一位行吟诗人，他一生都住在旅馆里。他不断地从一个地方旅行到另一个地方。他的一生都是在路上、在各种交通工具和旅馆中度过的。当然这并不是因为他没有能力为自己买一座房子，这是他选择的生存方式。后来，鉴于他为文化艺术所做的贡献，也鉴于他已年老体衰，政府决定免费为他提供住宅，但他还是拒绝了，理由是他不愿意为房子之类的麻烦事情耗费精力。就是这样一位特立独行的行吟诗人在旅馆和路途中度过了自己的一生。他死后，朋友为他整理遗物时发现他一生的物质财富就是一个简单的行囊，行囊里是供写作用的纸笔和简单的衣物；而在精神财富方面，他给世界留下了10卷优美的诗歌和随笔作品。

其实，一个人需要的东西非常有限，许多附加的东西只是徒增无谓的负担而已。简单一点，人生反而更踏实。在五光十色的现代世界中，我们因为所思、所想、所求太过复杂而丧失了对幸福的体会能力。如果这一切能够变得简单一些，我们也许会更快乐。

简单地做人，简单地生活，想想也没什么不好。金钱、功名、出人头地、飞黄腾达，当然是一种人生。在灯红酒绿、推杯换盏、斤斤计较、欲望和诱惑之外，不依附权势，不贪求金钱，心静如

水，无怨无争，拥有一份简单的生活，不也是一种很惬意的人生吗？

想开了，一切都很简单。

住在田边的蚂蚱对住在路边的蚂蚱说："你这里太危险，搬来跟我住吧！"路边的蚂蚱说："我已经习惯了，懒得搬了。"几天后，田边的蚂蚱去探望路边的蚂蚱，却发现它已被车轧死了。

原来掌握命运的方法很简单，远离懒惰就可以了。

一只小鸡破壳而出的时候，刚好有只乌龟经过，从此以后，小鸡就打算背着蛋壳过一生。它受了很多苦，直到有一天，它遇到了一只大公鸡。

原来摆脱沉重的负荷很简单，寻求名师指点就可以了。

一个孩子对母亲说："妈妈你今天好漂亮。"母亲问："为什么？"孩子说："因为妈妈今天一天都没有生气。"

原来要变得漂亮很简单，只要不生气就可以了。

一位农夫叫他的孩子每天在田地里辛勤工作。朋友对他说："你不需要让孩子如此辛苦，农作物一样会长得很好的。"农夫回答说："我不是在培养农作物，我是在培养我的孩子。"

原来快乐很简单，只要放弃多余的包袱就可以了。

其实，生命就如同一次旅行，背负的东西越少，越能发挥自己的潜能。你可以列出清单，决定背包里该装些什么才能帮助你到达目的地。但是，记住，在每一次停泊时都要清理自己的口袋，什么该丢，什么该留，把更多的位置空出来，让自己轻松起来。

我们可以为自己的人生做个扫除。

1. 问问自己：什么事对"我"而言最重要？终己一生都想完成的几件事是什么？简单生活的开始，要以这个问题的答案作为基点。

2. 回顾你曾经做过的事情，哪些属于你必须完成的追求之一，将那些与上述追求格格不入的事情尽量舍去。

3. 学会拒绝。无论是别人的不合理请求，还是你膨胀的欲望，拒绝它们。如果你不懂得拒绝这些，你生活的负担无疑会加重。

4. 规整你的生活。很多时候我们生活得过于忙碌，就是由于我们对生活不加思考，毫无条理。试着集中精力每次只做一件事情，你做事的步骤可以得到简化，你的效率会得到提升，你的生活也会变得井然有序。

5. 物质时代的来临使我们的物欲越发膨胀，我们不断追求，得陇望蜀；我们不断攀比，别人有的都想有……但什么时候才能满足呢？如果不改变心态，恐怕这会是个没有答案的问题。让自己知足一点，可以使我们摆脱欲望的怪圈，只追求我们真正需要的。

6. 找时间独处。这不是要你自我封闭，适当的独处对人是有好处的。独处可以使我们的内心逐渐进入一种平和状态，有助于我们聆听自己内心的声音，让我们知道什么事情才是最重要的。

总之，我们需要花一些时间去了解内心的简约世界，这种感觉肯定比将自己设置在浮躁、忙碌的状态下要好。花一些时间去做冥想，去了解自己，或将自己置身于自然环境中，去感受那种返璞归真的意境，你会得到全身心的放松。

适合自己便是最好

生活随意就好，顺其自然，不埋怨、不抱怨、不浮躁、不强求、不悲观、不刻板、不慌乱。天气晴朗的时候，就充分享受阳光的美好，让自己时刻都处在好心情之中，不要总是强迫自己去想那些烦闷的事情。只要我们拥有一颗简单而随意的心，选择适合自己的生活，就会拥有数不尽的快乐。

有一位英国游客杰克到美国观光，导游说西雅图有个很特殊的鱼市场，在那里，买鱼是一种享受。和杰克同行的朋友听说以后，都感觉很好奇。

那天，天气不是很好，但杰克发现市场并非鱼腥扑鼻，迎面而来的是鱼贩们欢快的笑声。他们面带笑容，像合作无间的棒球队员，让冰冻的鱼像棒球一样在空中飞来飞去。大家互相唱和："啊，5条鳍鱼飞明尼苏达去了。""8只蜂蟹飞到堪萨斯。"这是多么和谐的生活，充满乐趣和欢笑。

杰克问当地的鱼贩："你们在这种环境下工作，为什么会保持愉快的心情呢？"

鱼贩说："事实上，几年前这里简直毫无生气可言，大家整天抱怨。后来，众人认为与其抱怨，不如改变工作的品质。于是，大家不再抱怨生活的本身，而是把卖鱼当成一种艺术。再后来，一个创意接着一个创意，一串笑声接着另一串笑声，我们成了鱼市场中的奇迹。"

鱼贩又说："大伙练久了，人人身手不凡，可以和马戏团演员相媲美。这种工作气氛影响了附近的上班族，他们常到这里用餐，分享我们的好心情。一些无法提升团队士气的主管甚至还专程跑来咨询。"

据说，有时鱼贩们还会邀请顾客参加接鱼游戏。即使惧怕鱼腥的人也很乐意在热情的掌声中一试再试。每个愁眉不展的人进了鱼市场，最后都会笑逐颜开地离开，手中还会提满情不自禁买下的货，内心似乎也悟出了一点道理。

人生或许会有很多追求，但无论追求什么，我们都应秉持这样一个前提：不要让心太累。心若疲惫，无论做什么、得到什么，都不会真正快乐。而若想让心不累，就要活得随意些，不要一味地去追求所谓的成功，你的生活只要适合自己就好。

你可以这样冥想：

"我"就是一个普通人，过着普通但很充实的生活；

"我"有一个不大不小的家，洋溢着真实与温暖；

"我"有一个温柔的妻子（丈夫），与"我"一起守护着家的和谐；

"我"有一个可爱的孩子，就像一个水晶般的天使；

"我"有三五个知心朋友，虽然可能天各一方，但彼此牵挂；

"我"有一个属于自己的精神花园，每天可以在这里做幸福冥想；

"我"的人生也许并不伟大，没有惊涛骇浪的惊喜，也没有突如其来的刺激；

它简单而平实，但很适合"我"，"我"每天努力一点点，梦想便又近了一点；

"我"正在努力过着简单而幸福的生活……

这样一想，你是否会感觉轻松、快乐很多？生活只要适合自己就好，只要简单就好！只是大多时候，我们过于在意那些无关紧要的琐事，心不能超脱外界的牵绊，于是便有了种种烦恼。貌似这样的我们一直在努力追赶的是别人的生活，紧紧地跟着社会的形态变换着自己追求的目标，生怕自己被别人比下去。其实这个时候，生活把我们弄得很迷茫，让我们不知道自己该如何才能更好地过自己的日子。面对种种的困惑和烦恼，我们变得不知所措，变得很焦躁。

其实就生活而言，没有最好，只要适合自己的就是最好的。所以我们根本没必要羡慕别人的物质生活有多奢侈，更没有必要去效仿别人的生活。在你的意识中，你可以把生活当作水，不论冷热，只要是适合你的温度，就是最解渴的；你也可以把生活想作一种口味，不论酸甜苦辣咸，只要你觉得好吃，就是最好的；你还可以把生活当作季节，无论春夏秋冬，只要是你喜欢的，就是舒适的。

其实，生活就是一种实实在在的生存。生存是你自己的事，你怎样生存最舒适，就是最好的。

快乐的钥匙自己保管

苦难与烦恼就像三伏天的雷雨，往往不期而至，突然飘过来就将我们的生活淋湿，你躲都无处可躲。就这样，我们被淋湿在没有桥的岸边，四周是无尽的黑暗，没有灯火，没有明月，甚至你都感受不到生命的气息。你陷入了深深的恐惧，以为自己进入了人间炼狱，唯唯诺诺不敢动弹。这样的人或许一辈子都要留在没有桥的岸边，或者是退回到起步的原点，也许他们自己都觉得自己很没有出息。

请记住这句话：无论命运多么灰暗，无论人生多少颠簸，都会有摆渡的船，这只船就在我们手中！每一个有灵性的生命都有心结，心结是自己结的，也只有自己能解。而生命就在一个又一个的心结中成熟，然后再生。

一个成熟的人应该掌握自己快乐的钥匙，不期待别人给予自己快乐，反而将快乐带给别人。其实，每个人心中都有一把快乐的钥匙，只是大多时候，人们将它交给了别人来掌管。

譬如有些女士说："我活得很不快乐，因为老公经常因为工作忽略我。"她把快乐的钥匙放在了老公手里。

一位母亲说："儿子没有好工作，老大不小也娶不上个媳妇，我很难过。"她把快乐的钥匙交在了子女手中。

一位婆婆说："儿媳不孝顺，可怜我多年守寡，含辛茹苦将儿子带大，我真命苦。"

一位先生说："老板有眼无珠，埋没了我，真让我失落。"

一个年轻人从饭店走出来说："这家店的服务态度真差，气死我了！"

……

这些人都把自己快乐的钥匙交给了别人掌管，他们让别人控制了自己的心情。

当我们容忍别人掌控自己的情绪时，我们在冥想中便把自己定位成了受害者，这种消极设定会使我们对现状感到无能为力，于是怨天尤人成了我们最直接的反应。接下来，我们开始怪罪他人，因为消极的冥想告诉我们：之所以这样痛苦，都是"他"造成的！所以我们要别人为我们的痛苦负责，即要求别人使我们快乐。这种人生是受人摆布的，可怜而又可悲。

积极的冥想就是要我们重新掌控自己的人生，拿回自己快乐的钥匙。

第二次世界大战时期，在纳粹集中营里，有一个叫玛莎的小女孩写过一首诗：

"这些天我一定要节省，我没有钱可节省，我一定要节省健康和力量，足够支持我很长时间。我一定要节省我的神经、我的思想、我的心灵、我精神的火。我一定要节省流下的泪水，我需要它们很长时间。我一定要节省忍耐，在这些风雪肆虐的日子，情感的温暖和一颗善良的心，这些东西我都缺少。这些我一定要节省。这一切是上帝的礼物，我希望保存。我将多么悲伤，倘若我很快就失去了它们。"

在生命都遭受到威胁的时刻，这个叫玛莎的小女孩仍然通过积极的暗示给灵魂取暖。她不怨天尤人，而是将希望之光一点点聚敛在心里，或许生命中有限的时间少了，但心中的光却多了。那些看似微弱的火光足以照亮她所处的阴暗角落。

纵然生命都不能掌握，但快乐依然可以由我们自己来主宰，这就是积极冥想的力量。

如果你处在寒冷的冬季，那么就去冥想春天的生机，因为冬天来了，春天还会远吗？

如果你遭逢风雨，就去冥想射穿乌云的太阳，因为它会带来彩虹的绚丽。

就算人生遇到了巨变，只要你去做快乐的冥想，你就可以把苦涩的泪水留给昨日，用幸福的微笑迎接未来。

以我观物，万物皆着我之色彩。快乐的源泉是自己，而非他人！你想要快乐，就能制造快乐；你放弃快乐，就只能继续痛苦。以积极的心态去冥想你的家人、你的朋友、你的工作，包括你自己，以感恩的心去冥想生活，这样是不是快乐会多一点，痛苦会少一点呢？

其实，快乐并不在远方，它就在你身旁，你可以自主选择快乐，而快乐也很愿意自动留下来。

认识一位冥想老师，他练习瑜伽冥想多年。

那天问他："你每天笑得跟个天真的孩子似的，你的快乐是发自内心的、还是装给那些学生看的？如果是真的话，你是怎么做到的呢？"

他的回答是："我的快乐绝对是真实的。到了我们这个年纪，该经历的苦与乐都经历得差不多了。我的快乐源于一种感悟，总结起来就三个字'不干涉'。不让别人干涉你的情绪，你也别干涉自己的情绪。我给你解释一下。我们只要活着就会遇到一些人，有好人，也有坏人；就会产生一些情绪，正面的、负面的都有，快乐或者不快乐。我们不要太受影响，不要让这些干涉你，你也不要去干涉这些情绪。人的本性是真善美，当你让那些好的、不好的情绪自己离开时，你就会发现，留下来的都是那些好的感觉，人就会积极、快乐。"

我们冥想的目的就是这个，排除别人的干扰，也不去干扰这个世界。让那些正能量、负能量自然而然地离开，我们就会开始迎接我们自己，领略内心的满足和快乐，我们也就握住了快乐的钥匙。

静心、淡泊、超脱

人心如长河，常在流转荡漾，难得片刻安宁。用庄子的话说，叫作"日与心搏"。很多人都是这样，内心澄净的时候少，燥乱的时候多，将大量精力投入到与内心的搏斗之中：有所得之时，兴奋之情溢于言表；有所失时，则伤心欲绝、不能自已；心有所虑，食不下咽、辗转难眠；心有所思，眉黛紧锁、日渐憔悴……得失爱恨，无不心潮迭起，心态失衡，久久无法平静。人若是这样活着，累不累？

其实，真的很累。然而，人活着就要经历这个世界的沧桑变幻，就要体会这人世间的得失爱恨、是是非非。我们很无奈，因为这是一种必然，我们无力改变。不过，我们可以改变自己的心境。情由心生，如果说我们能让自己的心释然一些，淡看春花秋月，淡看沧海桑田，淡看人世间的是是非非、错综复杂，我们就能卸下那份负累，活得恬然自得，悠然自在。

唐朝有位高僧，世称寒山大师，曾将自己多年修行的感悟做成诗歌，道出的就是这种境界，我们一起去体会一下。

诗云："登陟寒山道，寒山路不穷。"从字面上看，这是在说自己攀登寒山山道，而寒山高且陡，道路不绝，其中暗含禅意，意指修行之路永无尽头，佛德智慧博大精深、奥妙无穷。下两句"溪长石磊磊，涧阔草濛濛。苔滑非关雨，松鸣不假风"，看似在吟风弄月，实则亦有玄机，分明是在描绘参禅后淡泊宁静的悠远境界。最后一句乃点睛之笔："谁能超世累，共坐白云中。"有谁能够从世俗物累中超脱？与我共同打坐白云中？在这里，白云并非实指，而是象征佛学的至高意境。由诗可见，寒山大师当时的修行已达到心中空明的境界，心无杂念，一心求佛。

这种境界用我们俗家人的话来说就是"淡泊宁静"，譬如"老子"的"恬淡为上，胜而不美"、香山居士的"身心转恬泰，烟景弥淡泊"，讲的都是这个。武侯诸葛亮对此剖析得则更为透彻，他在《诫子书》中说道："夫君子之行：静以修身，俭以养德。非淡泊无以明志，非宁静无以致远。夫学须静也，才须学也。非学无以广才，非静无以成学。怠慢则不能研精，险躁则不能理性。年与时驰，意与日去，遂成枯落，多不接世。悲守穷庐，将复何及！"寥寥数语，字字精辟，千年之后我辈读起，仍有清新澄澈之感浸入心头，似一汪圣水在洗涤心灵。

然而，人性毕竟太过软弱，常经受不起喧嚣尘世的折磨。于是我们之中有些人贪恋富贵，遂被富贵折磨得寝食难安；有些人沉迷酒色，从此陷入酒池肉林，日益沉沦；有些人追逐名利，致使心灵被套上名缰利锁，面容骤变，一脸奴相……试想，倘若我们心中能够多一些淡泊，能够参透"人闲桂花落，夜静春山空；月出惊山鸟，时鸣春涧中"的意境，是不是就能在宁静中得到升华，抛弃尘滓，让心从此变得清澈剔透？

这是不言而喻的，你看那古今圣贤，哪个不是以"淡泊、宁静"为修身之道？在他们看来，做人，唯有心地干净，方可博古通今，学习圣贤的美德。若非如此，每见好的行为就偷偷地用来满足自己的私欲，听到一句好话就借以来掩盖自己的缺点，这是不能领悟人生大境界的。

林怀民，被誉为熔东西方舞蹈、舞台剧于一炉的第一人；赖声川的舞台剧则以不断推陈出新广受赞誉；蔡志忠的漫画将先贤的智慧从晦涩的古文中释放出来，以轻松幽默的方式展现给读者，可以说是传承古文化的一大功臣。

你去细品他们的作品就会发现，这三个人有一个共通点：他们都懂得"静心"。

林怀民将太极和静坐编入了舞者的日常训练课程；赖声川发现了创意来自生活的经验和静心的修炼；蔡志忠在创作过程中不知不觉被佛、道两家的思想所熏陶，由此境界不断提升。

可以说，这些人的成功都源于他们突破了世俗和自我的框框。

读书修学，在于安于贫寒心地安宁。美文佳作，却是人间真情。心地无瑕，犹如璞玉，不用雕琢，而性情如水，不用矫饰，却馥郁芬芳。读书寂寞，文章贫寒，不用人家夸赞溢美，却尽得天机妙味，体理自然。

可见，淡泊的意境并非遥不可及，重点在于认清淡泊的真意。对于淡泊的错误解读有两种，一种是躲避人生，一种是不求作为。前者消极避世、废弃生活之根本，却冠冕堂皇地冠以淡泊之名，淡泊由此成了一种美丽的托词；后者将淡泊与庸碌相提并论，扭曲真意，于是淡泊不幸沦为不求上进、不求作为的借口，实在亵渎这种超脱的意境。

其实淡泊并非单纯地安贫乐道。淡泊实为一种傲岸，其间更是蕴藏着平和。为人若能淡看名利得失，摆脱世俗纷扰，则身无羁勒，心无尘杂，由此志向才能明确和坚定，不会被外物所扰。

淡泊不是人生的目标，而是人生的态度。为人一世，自然要志存高远，但处世的态度则应尽量从容平淡，谦虚低调，荣辱不惊，在日常的积累中使人生走向丰富。当人生达到一定高度时，再回归平淡，盛时常作衰时想，超脱物累，与白云共游。

淡泊宁静所求的是心灵的洁净，禅意盎然。莲池大师在《竹窗随笔》有云："尔来不得明心见心性，皆由忙乱覆却本体耳；古人云，静见真如性，又云性水澄清，心珠自现，岂虚语哉。"由此可见，淡泊生于心的宁静。倘若内心焦躁，即便我们有心修行淡泊的境界，亦是枉然，更别提淡泊明志、宁静致远了。相反，倘若我们内心宁静，就不会流连于市井之中，不会被声色犬马扰乱心智。心中宁静，则智慧升华，我们的灵魂亦会因智慧得到自由和永恒。

所以别忘了告诉自己：不管世界多么热闹，热闹永远只占据世界的一小部分。热闹之外的世界无边无际，那里有着"我"的位置，一个安静的位置。这就好像在海边，有人弄潮，有人嬉水，有人拾贝壳，有人聚在一起高谈阔论，而"我"不妨找一个安静的角落独自坐着。是的，一个角落。在无边无际的大海边，哪里找不到这样一个角落呢？但"我"看到的却是整个大海，也许比那些热闹地聚玩的人看得更加完整。